中国重要农业文化遗产系列丛书

闵庆文 ◎丛书主编

浙江开化
山泉流水养鱼系统

ZHEJIANG KAIHUA SHANQUAN LIUSHUI YANGYU XITONG

顾兴国　柯福艳　詹勇军　主编

U0209583

中国农业出版社
农村读物出版社
北京

图书在版编目（CIP）数据

浙江开化山泉流水养鱼系统／顾兴国，柯福艳，詹勇军主编. —北京：中国农业出版社，2022.2
（中国重要农业文化遗产系列丛书）
ISBN 978-7-109-29026-6

Ⅰ.①浙… Ⅱ.①顾… ②柯… ③詹… Ⅲ.①淡水养殖－鱼类养殖－开化县 Ⅳ.①S964

中国版本图书馆CIP数据核字（2022）第013554号

浙江开化山泉流水养鱼系统

中国农业出版社出版
地址：北京市朝阳区麦子店街18号楼
邮编：100125
责任编辑：程　燕　　文字编辑：蔺雅婷
版式设计：杨　婧　　责任校对：沙凯霖
印刷：北京通州皇家印刷厂
版次：2022年2月第1版
印次：2022年2月北京第1次印刷
发行：新华书店北京发行所
开本：700mm×1000mm　1/16
印张：10.75
字数：125千字
定价：65.00元

专家委员会

主 任 委 员：李文华

副主任委员：任继周　刘　旭　朱有勇　骆世明　曹幸穗

　　　　　　闵庆文　宛晓春

委　　　员：樊志民　王思明　徐旺生　刘红缨　孙庆忠

　　　　　　苑　利　赵志军　卢　琦　王克林　吴文良

　　　　　　薛达元　张林波　孙好勤　刘金龙　李先德

　　　　　　田志宏　胡瑞法　廖小军　王东阳

编写委员会

我国是历史悠久的文明古国，也是幅员辽阔的农业大国。长期以来，我国劳动人民在农业实践中积累了认识自然、改造自然的丰富经验，并形成了自己的农业文化。农业文化是中华五千年文明发展的物质基础和文化基础，是中华优秀传统文化的重要组成部分，是构建中华民族精神家园、凝聚中华儿女团结奋进的重要文化源泉。

党的十八大提出，要"建设优秀传统文化传承体系，弘扬中华优秀传统文化"。习近平总书记强调，"中华优秀传统文化已经成为中华民族的基因，植根在中国人内心，潜移默化地影响着中国人的思想方式和行为方式。今天，我们提倡和弘扬社会主义核心价值观，必须从中汲取丰富营养，否则就不会有生命力和影响力"。云南红河哈尼稻作梯田系统、江苏兴化垛田传统农业系统、浙江青田稻鱼共生系统，无不折射出古代劳动人民吃苦耐劳的精神，这是中华民族的智慧结晶，是我们应当珍视和发扬光大的文化瑰宝。现在，我们提倡生态农业、低碳农业、循环农业，都可以从农业文化遗产中吸收营养，也需要从经历了几千年自然与社会考验的传统农业中汲取经验。实践证明，做好重要农业文化遗产的发掘保护和传承利用，对于促进农业可持续发展、带动遗产地农民就业增收、传承农耕文明，都具有十分重要的作用。

中国政府高度重视重要农业文化遗产保护，是最早响应并积极支持联合国粮食及农业组织（FAO）全球重要农业文化遗产保护的国家之一。经过十几年工作实践，我国已经初步形成"政府主导、多方参与、分级管理、利益共享"的农业文化遗产保护管理机制，有力地促进了农业文化遗产的挖掘和保护。2005年以来，已有15个遗产地列入"全球重要农业文化遗产名录"，数量名列世界各国之首。中国是第一个开展国家级农业文化遗产认定的国家，是第一个制定农业文化遗产保护管理办法的国家，也是第一个开展全国性农业文化遗产普查的国家。2012年以来，农业部[①]分三批发布了62项"中国重要农业文化遗产"[②]；2016年，农业部发布了28项中国全球重要农业文化遗产预备名单[③]。此外，农业部于2015年颁布了《重要农业文化遗产管理办法》，2016年初步普查确定了具有潜在保护价值的传统农业生产系统408项。同时，中国对联合国粮食及农业组织的全球重要农业文化遗产保护项目给予积极支持，利用南南合作信托基金连续举办国际培训班，通过亚洲太平洋经济合作组织（APEC）、20国集团（G20）等平台及其他双边和多边国际合作，积极推动国际农业

---

① 农业部于2018年4月8日更名为农业农村部。
② 截至2021年12月，农业农村部已认定六批138项"中国重要农业文化遗产"。
③ 2019年认定了第二批36项中国全球重要农业文化遗产预备名单。

文化遗产保护，对世界农业文化遗产保护做出了重要贡献。

当前，我国正处在全面建成小康社会的决定性阶段，正在为实现中华民族伟大复兴的中国梦而努力奋斗。推进农业供给侧结构性改革，加快农业现代化建设，实现农村全面小康，既要借鉴世界先进生产技术和经验，更要继承我国璀璨的农耕文明，弘扬优秀农业文化，学习前人智慧，汲取历史营养，坚持走中国特色农业现代化道路。"中国重要农业文化遗产系列丛书"从历史、科学和现实三个维度，对中国农业文化遗产的产生、发展、演变以及农业文化遗产保护的成功经验和做法进行了系统梳理和总结，是对农业文化遗产保护宣传推介的有益尝试，也是我国农业文化遗产保护工作的重要成果。

我相信，这套丛书的出版一定会对今天的农业实践提供指导和借鉴，必将进一步提高全社会保护农业文化遗产的意识，对传承好弘扬好中华优秀文化发挥重要作用！

农业部部长 韩长赋

2017年6月

自有人类历史文明以来，勤劳的中国人民运用自己的聪明智慧，与自然共融共存，依山而住、傍水而居，经过一代代努力和积累，创造出了悠久而灿烂的中华农耕文明，成为中华传统文化的重要基础和组成部分，并曾引领世界农业文明数千年，其中所蕴含的丰富的生态哲学思想和生态农业理念，至今对于世界农业可持续发展依然具有重要的指导意义和参考价值。

针对工业化农业所造成的农业生物多样性丧失、农业生态系统功能退化、农业生态环境质量下降、农业可持续发展能力减弱、农业文化传承受阻等问题，联合国粮食及农业组织（FAO）于2002年在全球环境基金（GEF）等国际组织和有关国家政府的支持下，发起了全球重要农业文化遗产（GIAHS）倡议，以发掘、保护、利用、传承世界范围内具有重要意义的，包括农业物种资源与生物多样性、传统知识和技术、农业生态与文化景观、农业可持续发展模式等在

内的传统农业系统。

全球重要农业文化遗产的概念和理念甫一提出，就得到了国际社会的广泛响应和支持。截至2014年年底，已有13个国家的31项传统农业系统被列入GIAHS保护名录①。经过努力，在2015年6月结束的联合国粮食及农业组织大会上，已明确将GIAHS作为一项重要工作，纳入常规预算支持。

中国是最早响应并积极支持该项工作的国家之一，并在全球重要农业文化遗产申报与保护、中国重要农业文化遗产发掘与保护、推进重要农业文化遗产领域的国际合作、促进遗产地居民和全社会农业文化遗产保护意识的提高、促进遗产地经济社会可持续发展和传统文化传承、人才培养与能力建设、农业文化遗产价值评估和动态保护的机制与途径探索等方面取得了令世人瞩目的成绩，成为全球农业文化遗产保护的榜样，成为理论和实践高度融合的新的学科生长点、农业国际合作的特色工作、美丽乡村建设和农村生态文明建设的重要抓手。自2005年浙江青田稻鱼共生系统被列为首批"全球重要农业文化遗产名录"以来的10年间，我国已拥有11个全球重要农业文化遗产，居于世界各国之首②；2012年开展中国重要农业文化遗产发掘与保护，2013年和2014年共有39个项目得到认定③，成为最早开展国家级农业文化遗产发掘与保护的国家；重要农业文化遗产管理的体制与机制趋于完善，并初步建立了"保护优先、合理利用，整体保护、协调发展，动态保护、功能拓展，多方参与、惠益共享"的保护方针和"政府主导、分级管理、多方参与"的管理

---

① 截至2021年12月，已有22个国家的62项传统农业系统被列入GIAHS保护名录。

② 截至2021年12月，我国已有15项全球重要农业文化遗产，数量居于世界各国之首。

③ 2013年、2014年、2015年、2017年、2020年、2021年共有六批138项中国重要农业文化遗产得到了认定。

机制；从历史文化、系统功能、动态保护、发展战略等方面开展了多学科综合研究，初步形成了一支包括农业历史、农业生态、农业经济、农业政策、农业旅游、乡村发展、农业民俗以及民族学与人类学等领域专家在内的研究队伍；通过技术指导、示范带动等多种途径，有效保护了遗产地农业生物多样性与传统文化，促进了农业与农村的可持续发展，提高了农户的文化自觉性和自豪感，改善了农村生态环境，带动了休闲农业与乡村旅游的发展，提高了农民收入与农村经济发展水平，产生了良好的生态效益、社会效益和经济效益。

习近平总书记指出，农耕文化是我国农业的宝贵财富，是中华文化的重要组成部分，不仅不能丢，而且要不断发扬光大。农村是我国传统文明的发源地，乡土文化的根不能断，农村不能成为荒芜的农村、留守的农村、记忆中的故园。这是对我国农业文化遗产重要性的高度概括，也为我国农业文化遗产的保护与发展指明了方向。

尽管中国在农业文化遗产保护与发展上已处于世界领先地位，但农业文化遗产的保护相对而言仍然属于"新生事物"，仍有很多人对农业文化遗产的价值和保护重要性缺乏认识，加强科普宣传仍然有很长的路要走。在农业部农产品加工局（乡镇企业局）的支持下①，由中国农业出版社组织、闵庆文研究员担任丛书主编的这套"中国重要农业文化遗产系列丛书"，无疑是农业文化遗产保护宣传方面的一个有益尝试。每本书均由参与遗产申报的科研人员和地方管理人员共同完成，力图以朴实的语言、图文并茂的形式，全面介绍各农业文化遗产的系统特征与价值、传统知识与技术、生态文化与景观以及保护与发展等内容，并附以地方旅游景点、特色饮食、

---

① 中国重要农业文化遗产工作现由农业农村部农村社会促进司管理。

天气条件等。可以说，这套丛书既是读者了解我国农业文化遗产宝贵财富的参考书，同时又是一套农业文化遗产地旅游的导游书。

我十分乐意向大家推荐这套丛书，也期望通过这套丛书的出版发行，使更多的人关注和参与到农业文化遗产的保护工作中来，为我国农业文化的传承与弘扬、农业的可持续发展、美丽乡村的建设做出贡献。

是为序。

中国工程院院士

联合国粮食及农业组织全球重要农业文化遗产指导委员会主席

农业部全球/中国重要农业文化遗产专家委员会主任委员

中国农学会农业文化遗产分会主任委员

中国科学院地理科学与资源研究所自然与文化遗产研究中心主任

2015年6月30日

浙江开化山泉流水养鱼系统位于浙江省开化县的西北部，也是钱塘江源头所在地。据何田乡《汪氏宗谱》记载，北宋咸平年间，汪氏族人便迁居此处开塘养鱼，距今已有1 000多年历史。现今，何田乡陆联村仍完整保存着古人进行山泉流水养鱼的重要遗址——"高源一号"百年古宅。房屋的天井被改造成清水鱼塘，溪流穿堂而过，鱼在塘中，塘在屋内，养鱼是生活的一部分，这已成为当地居民基因中的烙印。

遗产地特殊的地理位置及气候条件，形成了"森林－梯田－茶园－溪流－坑塘－村落"的独特景观特征。位于北纬30°附近的开化县雨量充沛，气候温和，重峦叠嶂，具有全球保护最好的中亚热带常绿阔叶森林生态系统，是华东地区重要的生态屏障。丰富的森林资源为生物多样性提供了保障，在这天然的阔叶林下流淌着源源不断的山涧流水，野生动物在林间自由穿梭，森林的边缘是先辈们开垦的茶园和赖以生存的耕地，村庄傍水而建，从空间上形成了极具观赏性的景观层次，自然与聚落的相互渗透形成了村落与坑塘共生、水鱼与森林共育的人地和谐景观，极好地呼应了中国天人合一的哲学思想。

千百年来，开化百姓的生活方式与清水鱼（流水坑塘中养殖的鱼的统称）息息相关，不仅形成了传统造塘技艺和清水鱼养殖管理技术，而且将流水坑塘养鱼融入日常的生活和生产中，把清水鱼文化渗入生活的方方面面。关于清水鱼的民间传说与故事、诗词歌赋、歌舞表演和传统习俗等历代相传，丰富了遗产地人们的生活，也成为遗产系统不可分割的重要组成部分。节日捕鱼、待客抓鱼、杀猪敬鱼等一系列风俗习惯都体现出清水鱼文化对当地人的深远影响，这些既是悠久历史文化的沉淀，亦是开化人民古朴纯真的表现。

本书较为系统地介绍了浙江开化山泉流水养鱼系统的历史演变、结构与功能、多重价值以及未来保护与发展的总体思路等。主要内容分为六部分：第一部分"钱江源与山泉流水养鱼缘起"，介绍了山泉流水养鱼起源与发展的自然与人文因素；第二部分"从绿水青山到金山银山"，介绍了遗产地丰富多样的生态产品和相关产业发展情况；第三部分"从基因宝库到气候调节"，介绍了遗产系统结构和生态系统服务功能；第四部分"从守望相依到古韵乡愁"，介绍了遗产地与清水鱼相关的生态文化、节庆民俗、饮食文化和复合景观等；第五部分"从引水造塘到复合种养"，介绍了清水鱼引水造塘、养殖管理、鱼病防治等方面的传统知识和技术；第六部分"未来的保护与发展之路"，介绍了浙江开化山泉流水养鱼系统保护与发展的路径和措施。此外，"附录"部分介绍了遗产保护大事记、遗产地旅游资讯以及全球/中国重要农业文化遗产名录。

本书是在浙江开化山泉流水养鱼系统的中国重要农业文化遗产申报材料的基础上，通过进一步调研编写完成的，编写过程中得到有关专家和开化县农业农村局、开化佳艺家庭农场博士工作站等相关单位的大力支持，在此一并表示感谢！

　　由于编者水平有限，书中难免存在不当甚至谬误之处，敬请读者批评指正。

编　者

2020年7月

目 录
CONTENTS

开化县地处浙江省西部、衢州市西北部、钱塘江源头、浙皖赣三省交界处，位于北纬28°54′30″—29°29′59″、东经118°01′15″—118°37′50″。东北邻淳安县，东南连常山县，西与西北分别与江西省的玉山县、德兴市、婺源县相依，北接安徽休宁县。县域南北长66千米，东西宽59.2千米，总面积2 236.61千米²，辖14个乡镇，共包括255个行政村。

浙江开化山泉流水养鱼系统保护区位于开化县地势最高的中山地区，涉及何田、长虹、中村、齐溪、苏庄、马金6个乡镇，包括86个行政村，总面积884.9千米²，人口19.17万。齐溪、何田两乡的绝大部分和长虹、中村、苏庄三乡的北半部为地势较高的中山地形，遗产地其余地区多为丘陵、河谷盆地。系统内河流主体属于钱塘江水系，仅苏庄镇的苏庄溪属鄱阳湖水系，最大河流为马金溪，其主要支流有何田溪、中村溪、池淮溪等，传统的流水坑塘均沿这些溪流分布。

遗产地内土壤主要为红壤、黄壤、水稻土和沼泽土4个类型，以常绿落叶阔叶林的植被类型为主。钱江源国家公园体制试点区全部位于遗产地内，它是浙江乃至华东地区的生态屏障和水源涵养区。试点区内河谷、湿地栖息了多种野生动植物，生存有国家I级重点保护野生植物南方红豆杉、银杏、水杉，国家Ⅱ级重点保护野生植物榧树、榉树，以及国家一级重点保护动物白颈长尾雉、黑麂、云豹等，是中国东部重要的生物基因库。

遗产地内的众多溪流为鱼类的繁衍生长提供了优越的条件，孕育出了丰富的淡水鱼类种质资源。根据2017年开化县渔业资源普查，野生鱼类有74种，隶属4目13科52属。其中：鲤形目的种类最多，为56种（占75.7%）；其次是鲈形目10种（占13.5%）；鲇形目7种（占9.5%）；合鳃目1种（占1.4%）。除此之外，还发现了中华鳖、日本沼虾、粗糙沼虾、克氏螯虾、浙江华溪蟹等。

根据《开化县志》记载，明清时期流水坑塘养鱼在开化境内已经普遍。改革开放以来，商品经济的快速发展带动开化清水鱼产业逐渐复苏。进入21世纪，随着人们对食品安全和质量的日益重视，开化山泉流水养鱼在传承的基础上发展较快，由农户零星养殖逐渐向规模化发展，由自用为主向增收致富发展转变。2009年起，开化县将清水鱼产业列入开化县主导产业，清水鱼养殖已由原先的何田、长虹、中村等少数乡镇拓展至全县范围，全县从业农民5 767人，而遗产地从业农民达3 327人，约占全县的57.7%。2019年，开化县清水鱼总产量2 200吨，总产值达2.3亿元（含一二三产业产值）。

除了清水鱼以外，遗产地的传统特色农产品还包括龙顶茶、山茶油和中蜂蜜等。当地茶叶、油茶籽、粮食等农产品加工的历史悠

山泉流水养鱼（何梓群／摄）

久，形成了独特的传统加工工艺，其中开化的龙顶茶制作技艺、传统榨油技艺、冻米糖制作技艺等均已列入浙江省非物质文化遗产保护名录。遗产地的主要粮食作物为水稻，水稻产量占粮食总产量的80%以上。此外，还发展了高山蔬菜种植，以高山茄子和高山萝卜较为突出，分别被评为浙江省农业博览会金奖和优质奖。

一

钱江源与山泉流水养鱼缘起

（一）钱塘江从这里走来

1. 钱塘江流域

钱塘江古称浙江，又名折江、之江，最早见名于《山海经》，因流经古钱塘县（今杭州）而得名，是浙江省第一大河流，也是吴越文化的主要发源地之一。钱塘江干流全长688千米，上游有兰江和新安江两个源流，在建德市梅城汇合后，流经杭州，在芦潮港和镇海连线的杭州湾口注入东海。

兰江上游依次为马金溪、常山港和衢江，支流众多；新安江发源于安徽省休宁县六股尖北麓，主要支流有横江、练江、昌源、云源港、武强溪和寿昌江等。钱塘江干流在梅城至东江嘴河段称为富春江，富春江和浦阳江在东江嘴汇合，以下称钱塘江。汇入富春江河段的主要支流有分水江、渌渚江、壶源江；汇入钱塘江河段的主要支流有浦阳江、曹娥江。钱塘江干流及主要支流的特征值见表1。

表1　钱塘江干流及主要支流特征值

		河道名称	河长（千米）	集水面积（千米²）	河道比降（%）
干流（南）	南源	马金溪	102.2	1 011	0.71
		常山港	175.9	3 385	0.44
		衢　江	257.9	11 477	0.31
		兰　江	302.5	19 468	0.26
	北源	新安江	358.9	11 674	0.37
	富春江（东江嘴以上）		460.7	38 318	0.29
	钱塘江	闸口以上	476.6	41 945	0.28
		澉浦以上	583.1	49 876	0.23
干流（北）	新安江		358.9	11 674	0.37

(续)

河道名称		河长 (千米)	集水面积 (千米²)	河道比降 (%)
支流	池淮溪	53.8	418	1.21
	龙山溪	45.7	332	1.39
	马眶溪	57.4	275	1.53
	芳村溪	50.6	357	1.55
	江山港	137.4	1 946	0.73
	乌溪江	155.9	2 577	0.75
	铜山源	45.4	247	1.43
	芝 溪	63.8	350	1.51
	灵山港	90.6	727	1.26
	东阳江	165.5	3 378	0.36
	武义江	129.2	2 520	0.56
	金华江	194.5	6 782	0.31
	寿昌江	65.8	692	1.10
	分水江	164.2	3 444	0.59
	壶源江	102.8	761	0.66
	浦阳江	149.7	3 452	0.30

资料来源:《钱塘江流域综合规划》。

　　钱塘江流域位于北纬28°10′—31°48′、东经117°37′—121°52′，总面积55 558千米²，跨浙、皖、赣、闽、沪五省(市)。南以仙霞岭为界，与福建闽江分水；西南以怀玉山为界，与江西省鄱阳湖水系的乐安江、信江分水；北以黄山、天目山山脉为界，与安徽省青弋江和浙江省太湖水系分水；东北为杭州湾；东以四明山山脉为界，与甬江水系分水，又以天台山为界，与椒江水系分水；东南以仙霞山脉为界，与瓯江水系分水。流域四周群山环抱，流域内有山脉分隔，山脉均呈北东走向，成为干、支流的分水岭。地势西南高、东北低，山丘多、平原少，河谷盆地散布，最大的一片为金衢盆地，总面积2 980千米²。

钱塘江流域闸口以上流域面积41 945千米^2，涉及浙江、安徽、江西、福建4个省。其中，浙江35 500千米^2、安徽6 200千米^2、江西109千米^2、福建136千米^2，浙江省境内分属杭州、衢州、金华、绍兴、丽水5个市、27个县（市、区）。

　　钱塘江流域水资源丰富，多年平均水资源总量为389亿米^3，是杭州地区最大的饮用水源，也是浙江省的主要饮用水源。钱塘江河口独特的水沙条件，孕育出两岸肥沃的杭嘉湖平原、萧绍宁平原，并发展成为富庶的江南"鱼米之乡""丝绸之府"和"文化之邦"。

2. 关于"钱江源"的考证

　　最早提出钱塘江源头的是战国时著作《山海经·海内东经》："浙江出三天子都，在其（蛮）东。在闽西北，入海，余暨南。""三天子都"是古山名，有人考证可能是黄山、率山或是三王山，均在古徽州范围内。这2句话实际上是将新安江当作了钱塘江的正源。之后，众多历史文献也都继承了这一说法。《汉书·地理志》说钱塘江"水出丹阳黟县南蛮中"，《后汉书·地理志》又提出"浙江出歙县"。黟县、歙县均属于古徽州。北魏地理学家郦道元的《水经注》也肯定了汉书中的说法。唐《元和郡县志》、北宋《太平寰宇记》、南宋《淳熙新安志》、明朝《大明一统志》以及清朝《嘉庆重修一统志》等书，均以新安江为钱塘江正源。

　　明清以后，随着浙江西南部地区和江西、福建等地的进一步开发，人们发现兰江及上游的衢州流域面积更广、流量也远超新安江，另一条支流婺江也可与新安江匹敌，于是就有了把新安江作为北源、衢江作为南源、婺江作为东源的"三源"说法。民国时期，地理科学传入国内，地理工作者在实地考察后，认定衢江为钱塘江的上游，并在1929年的浙江水利局年刊、1932—1935年的《浙江水利局总报告》、1940年的《最新中外地名辞典》中留下文字记载。从此衢江为钱塘江正源一说开始流行，影响力也越来越大。

1956年，电力工业部上海水力发电设计院和浙江省水利厅勘测设计院联合组织的钱塘江查勘队，重新对钱塘江流域的水利土地资源进行查勘，在《钱塘江流域勘查报告》中，确定了钱塘江发源于"浙江西南开化县境内浙、皖、赣三省交界之莲花尖"，这也是新中国成立后学界首次把钱塘江源头界定为莲花尖。1979年出版的《辞海》条目也采用了这一说法。

然而，源头考证并没有就此结束。1980年，《浙江日报》的几位记者和一些学者根据航测资料，再次组织了浙皖边境的江源勘查，提出新的意见：钱塘江源头应在安徽省休宁县。之后，浙江省科学技术学会又组织一批专家进行数十次的实地考察，记录和积累了大量的考察资料。但由于受"河源唯长"说法的约束，又回到早先的结论，在正式的鉴定中，把新安江定为钱塘江的正源。该结论得到《人民日报》的认可，以至于新版的《辞海》也把钱塘江的正源变回了新安江。

事实上，江源的确定不能单以"河源唯长"为原则。1999年，浙江的专家根据多次实地考察的数据，重新对钱塘江的河流长度、流域面积、出境水流量3个指标进行论证。钱塘江的干流若以新安江为源头，则其长度为373千米，流域面积为11 047千米^2，年均径流量为110亿米^3；若以衢江为源，取兰江—衢江—常山港—马金溪为干流，其长度为293千米，流域面积为19 350千米^2，年均径流量为188亿米^3。衢江虽然长度略短，但流域面积和径流量大大超过新安江，而且干流由于处于钱塘江整个流域的中轴，从而使整个水系呈完美的羽状对称分布，符合国际国内通例。最终专家认定衢江上游为钱塘江的正源。同年11月11日新华社向全国发布专稿，全文通告如下：

　　钱塘江的源头在哪里？经过专家多方考察，这一历史"悬谜"终于有了定论：钱塘江源头出自浙江西部的开化县境内。最早提出钱塘江源头的是《汉书·地理志》，该书简略地提出浙江"水出丹阳黟县南蛮中"，《后汉书·地理志》则提出"浙江出歙县"。北魏地理学家郦道元的《水经注》也肯定了汉书中的说法。此后有人把新安江上游作为钱塘江的源头。20世纪30年代，国家地理学专家实地考察后，认为钱塘江发源于浙江、安徽、江西三省交界的开化县齐溪乡莲花尖。1979年版的《辞海》有这样的记载："钱塘江，旧称浙江，浙江省最大的河流，上游源出浙、皖、赣边境的莲花尖。"1999年年初以来，浙江省组织一批专家进行数次的实地考察，记录和积累了大量的考察资料，最终认定：源自莲花尖的莲花溪，源自龙田乡境内的龙溪都在浙江省开化县齐溪镇汇聚成河。"齐溪镇"一名也由此而来，因此钱塘江的源头应该在开化县的齐溪镇境内。

位于齐溪镇的钱江源石碑（顾兴国／摄）

【钱塘江源头——莲花尖】

莲花尖，听起来似是一座山，实则由伞老尖、高楼尖等众多山峰组成，位于浙、皖、赣三省交界处。据《开化县志》记载，莲花尖受新地质构造运动影响，山顶巨石劈裂似莲花而得名，海拔1 136.8米。《浙江古今地名词典》里则说："莲花尖，具有典型的江南古陆强烈上升山地的地貌特征，并因此形成了山河相间、谷狭坡陡、山脊脉络清晰的地形特点。"

关于莲花尖，当地还流传着一个美丽传说。古时，这里是观音修道福地。一天，观音要前去庆贺王母娘娘寿诞，嘱咐童子照管潭中正在修炼的小白龙，要按时喂食。哪知童子被莲花尖上的美景陶醉，玩得忘了喂食。小白龙在潭中饥渴难耐，躁动不安，来回翻滚折腾，一不小心跳将出来，顺着水流朝山下游去，一直到了东海。因为小白龙跟观音学法已有一定功力，它一路滚过的地方，就成了今天的钱塘江。小白龙后来长大了，不忘观音恩德，每年都要从海里回来看看——这就是钱塘江大潮的来历。

莲花尖里的三省界碑（钱江源国家公园管理局／提供）

3. 钱江源国家公园

以钱塘江源头为中心的周边地区不仅是重要的水源涵养区，而且生物多样性丰富，流域生态系统完整性和亚热带常绿阔叶森林生态系统原真性突出。2015年，国家发展和改革委员会等13个部门联合启动了国家公园体制试点区试点工作，并在全国选定12个省市开展国家公园体制试点，其中浙江钱江源区域被确定为试点区之一。划定的"钱江源国家公园体制试点区"位于浙江省开化县西北部，属于浙、皖、赣三省交界处，包括古田山国家级自然保护区、钱江源国家级森林公园、钱江源省级风景名胜区以及连接以上自然保护地之间的生态区域。总面积约252千米²，涉及苏庄、长虹、何田、齐溪共4个乡镇，包括19个行政村（横中、余村、唐头、溪西、毛坦、苏庄、古田、霞川、真子坑、库坑、高升、陆联、田畈、龙坑、里秧田、仁宗坑、上村、左溪、齐溪）、72个自然村。

古田山低海拔原生常绿阔叶林（顾兴国／摄）

试点区内森林覆盖率达到81.7%以上，生存有国家Ⅰ级重点保护野生植物南方红豆杉、银杏、水杉，国家Ⅱ级重点保护野生植物榧树、榉树，以及国家一级重点保护动物白颈长尾雉、黑麂、云豹等。保存良好、具有代表性和典型性、呈原始状态的大片低海拔中亚热带常绿阔叶林，是其分布面积最广的植被类型，主要分布于海拔350～800米的山坡和山麓，其景观和生态系统在中国乃至全世界较为罕见，具有全球保护价值。

（二）山泉流水养鱼模式及形成条件

1.山泉流水养鱼模式

山泉流水养鱼，也称流水坑塘养鱼，是指农民利用山区独特的地势落差，引用山泉溪流水来建造流水坑塘，并通过投喂青草、瓜

开化流水坑塘养鱼（顾兴国／摄）

藤菜叶养殖草鱼、鲤、鲫等的农业生产模式。流水坑塘内有进水口和出水口，既能维持水质清澈，又能保持常年流水不断。养殖的草鱼主要食用山地野草或者周边人工种植的苏丹草、黑麦草等，鲤、鲫等搭养鱼类以草鱼食后残渣和排泄物为食。这种模式利用清澈的山泉水养鱼，因此养出的鱼又被称为"清水鱼"。它不仅解决了山区人民"吃鱼"的困难，还保证水质不被污染，实现了对山区优质水资源的合理利用。

2. 形成所必要的自然条件

在农业发展初期，人们对环境的改造能力弱，自然环境是农业生产的先决性条件，要使山泉流水养鱼系统中各种生物正常生长，必须具备合适的自然条件。养鱼首先要有充足的水源，然后需要适合的水温、溶解氧量以及微生物等，多数鱼类适宜水温在5～35℃，同一池塘中不同水层的溶解氧量不同，适宜不同种类鱼的生长。再者，由于是"流水养鱼"，所以水源必须持续不断，而且要有建造流水鱼塘的合适地形条件。另外，用于投喂鱼类的青草、瓜藤菜叶等种类较易获得，因而对自然条件的要求也较为宽泛。可以看出，形成山泉流水养鱼模式所必要的自然条件有持续不断的水源以及适合鱼类、草类、菜类等生物群落共同生长的光照、温度等环境因素。

浙江开化山泉流水养鱼系统农业文化遗产地位于钱塘江上游，而且包含钱塘江的源头。该区域地形以山地为主，常年水流不断，水系分布像一棵倒置的参天大树，其中马金溪为"树干"，何田溪、池淮溪、龙山溪等支流则为"树枝"。气候条件非常适合各种草类、蔬菜等的生长，能够为鱼类提供丰富的饲料来源。因而，遗产地是山泉流水养鱼模式形成或引入的良好场所。

（三）开化山泉流水养鱼的起源与发展

1. 开化山泉流水养鱼的历史起源

开化山泉流水养鱼历史悠久，源远流长，相传是由唐代寺庙的放生池衍变而来。放生池最初的功能是将鱼放生，之后历经千百年演变，形成了独具特色的山区山泉流水养鱼。但这一说法来自口传，缺少可靠证据。

搜寻各类史料发现，遗产地部分姓氏宗谱中对流水坑塘养鱼有较为详细的记载。例如何田乡《汪氏宗谱》记载，北宋咸平年间（998—1003年），汪氏始祖带全家自徽州婺源迁徙至何田乡盘溪而居（主要分布在今皂角村、高源村一带），汪氏始祖本为贵族，好读书修心、养鱼养性，于是"塘开一鉴"，寓意家族堂开未来。其中不仅有文字记载，还有记录鱼塘分布的地图。

松阳皂角里居图（出自何田乡《汪氏宗谱》）

　　在何田乡陆联村，现今仍完整保存着古人进行山泉流水养鱼的重要遗址——"高源一号"古宅。"高源一号"内原本的天井被先人们改造成清水鱼塘，山泉穿塘而过，鱼在塘中、塘在屋内，古朴的徽派建筑，悠远的流水鱼塘，养鱼已成了生活的一部分，体现了独具特色的山泉流水养鱼方式。

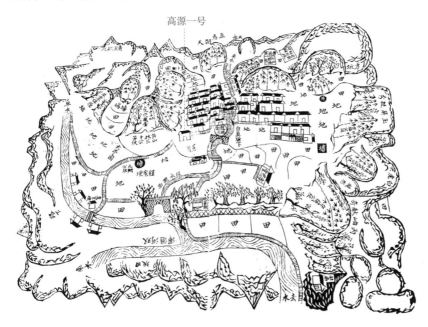

高源里居图（出自何田乡《汪氏宗谱》）

"高源一号"古宅内天井养鱼（开化县农业农村局／提供）

　　遗产地人们的祖先来源较多，有的是随晋室南渡、宋室南渡的北方大族，有的是从徽州迁移来的商人，有的是中原多次战乱的流民。因此当地人的姓氏较多，除了汪氏以外，还有何氏、余氏、江氏、张氏、邹氏等。何田乡多数姓氏的宗谱里都有对流水坑塘养鱼

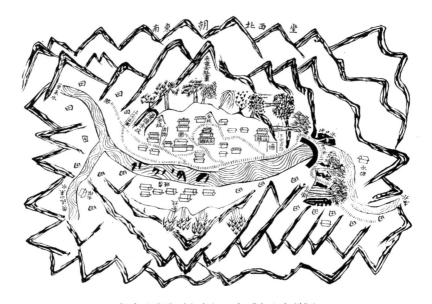

龙溪里居图（出自何田乡《余氏宗谱》）

浯川里居图（出自何田乡《何氏宗谱》）

的记载，而且他们的里居图里也标明了鱼塘的位置。根据各宗谱的历史记载可以推算，浙江开化山泉流水养鱼系统起源于1 000年前。

2. 开化山泉流水养鱼的发展演变

据1988年《开化县志》记载："明末清初，本县就有人在河边、田边、路边、山坑边、房屋内挖土砌石成池，引入溪水、山坑水或泉水养鱼。鱼池面积7～20米²，水深0.3～1米，设有进、出水口。"由此说明，明清时期山泉流水养鱼在开化境内已较普遍。

《开化县志》中关于流水坑塘养鱼的描述

也许是因为地形险要，交通闭塞，遗产地很多古村落受城市化的影响比较小，而且有许多较为完整、具有原真风貌的古鱼塘保存下来。通过勘察，遗产地具有百年以上历史的鱼塘有368口，其中明朝时期建造的有29口，这反映了明清时期山泉流水养鱼在当地发展的普遍程度。随着这一生产模式的盛行，当地还逐步形成了养鱼、抓鱼、吃鱼、烧鱼、送鱼的一系列文化习俗，并与人们的日常生活紧密联系在一起。

新中国成立以后，开化农民山泉流水养鱼规模有所减小，清水鱼主要用于招待贵客、馈赠亲朋、孝敬长辈等以自用为主。20世纪60—70年代，开化山泉流水养鱼基本集中在开化西北部的何田、长虹、中村等乡镇。当时，山泉流水养鱼不是农业生产的主要任务，只是农民劳作之余的一种副业，一种融入日常生活的劳作方式。

改革开放后，商品经济得到快速发展。1983年，浙江省水产局在开化县长虹乡老屋基村召开了全省山区坑塘流水养殖现场会，对开化山泉流水养鱼的恢复与发展起到了积极的推动作用。受当时经济发展水平低、市场发育程度低的限制，开化山泉流水养鱼无法体现出产品的优质优价，因此，20世纪末开化山泉流水养鱼发展缓慢，基本处于停滞不前。

进入21世纪，随着"生态立县、特色兴县"战略的深入实施及人们对食品安全和质量的日益重视，开化山泉流水养鱼在传承的基础上发展较快，由农户零星养殖逐渐向规模化发展，由自用为主向增收致富发展转变。2002年，市级农业龙头企业——浙江京鹏生态

开化县京鹏清水鱼生态示范园（顾兴国／摄）

资源发展有限公司投资500多万元，在何田乡建成以山泉流水养鱼为主的"清水鱼生态示范园"，并通过产地、产品的无公害"双认证"，被浙江省海洋与渔业局、浙江省旅游局评定为"省级休闲渔业示范基地"。当地企业以"公司＋基地＋农户＋合作社"形式，在自身取得发展的同时，进一步带动了周边农户清水鱼生产的发展。

自2009年起，开化县政府将清水鱼产业列入农业主导产业扶持，实行县领导、部门负责人重点工程领导联系制度，形成了全县上下齐抓共管、合力推进的工作格局。在政策引导和市场需求带动下，开化山泉流水养鱼步入发展快车道，养殖面积从何田、长虹、苏庄、中村、齐溪等少数乡镇的220亩①，逐渐发展到全县范围。开化清水鱼先后通过无公害、绿色、有机认证，在浙江、上海等地有较高的知名度，常常供不应求。至此，开化清水鱼形成养殖、加工、休闲旅游一二三产业相融合的局面，呈现"量价齐升"。

---

① 亩为非法定计量单位，1亩≈667米²。

二

从绿水青山到金山银山

（一）生态产品多样

在长期生产实践中，系统内农民在不破坏自然生态环境的基础上发展山区特色生态农业，形成了以清水鱼、龙顶茶、油茶、蜂蜜为代表的一系列特色农产品。另外，还有生态稻米、高山蔬菜、中药材、竹木、干鲜果等重要农产品。

1. 开化清水鱼

浙江开化山泉流水养鱼系统以流水坑塘养鱼为主要农业生产方式，养出的鱼被称为"清水鱼"，其特点可以用5个字概括：鲜、白、飞、古、慢。清水鱼鲜味氨基酸指标远远超过普通草鱼，肉味鲜美；经简单烹制，肉质雪白晶莹，汤色奶白；鱼身肌肉紧致，反应灵敏、野性十足，放养在盆里、水池里易"飞"出；养殖起源历史悠久，古法养殖，一脉相承；因为是在冷水中养大，鱼生长缓慢，一般一年只长0.5千克左右，为淡水鱼中的珍品。经多年批次检测，开化清水鱼的维生素E含量是普通草鱼的9倍，微量元素、必需氨基酸较普通草鱼高出约15%，具有较高的营养价值（表2）。因其优异的品质，开化清水鱼先后获得首届渔博会银奖、浙江省农业博览会金奖，并被认定为有机产品、绿色食品和地理标志产品。

表2　开化清水鱼与普通鱼类营养成分对比

营养类别	单位	开化清水鱼（草鱼）	普通草鱼
粗蛋白	%	20.8	17.3
磷	%	0.25	0.21
镁	毫克/千克	364.1	310.8
钾	毫克/千克	4 665.8	3 940.0

（续）

营养类别	单位	开化清水鱼（草鱼）	普通草鱼
维生素E	毫克/100克	4.5	0.50
氨基酸总量	%	19.89	17.56

资料来源：开化县农业农村局。

清水鱼（顾兴国／摄）

"开化清水鱼"国家地理标志证明商标

【开化清水鱼的多种称号】

"状元鱼"：浙江历史上第一位状元程宿出生于长虹乡北源村，他从小家里贫穷，借住在寺庙里读书，寺里方丈见他聪明好读书，就经常捕捞池塘里的草鱼（以前叫团鱼或唐鱼）给他吃。宋太宗端拱元年，年仅18岁的程宿考中了状元，成为中国科举史上最年轻的状元之一，于是当地人就把那里养的鱼（清水鱼）称为"状元鱼"。

"红军鱼"：革命战争时期，开化县为红色苏区。军民鱼水情深，老百姓把受伤的战士当作亲人来照顾，经常把只有逢年过节才舍得吃的草鱼用来熬汤给他们补充营养，以便他们早点恢复健康。久而久之，当地人也把这种草鱼（清水鱼）叫成"红军鱼"。

"博士鱼"：何田乡是开化的县学之乡，重学之风浓厚，历史上就是书香浓郁之地，有史可循的就有"耕读传家"田畈汪氏、"萝蔓世家"晴村余氏等。截至2019年，全乡1.1万余人口，已有22名博士，被誉为"博士之乡"。"博士之乡"的出现，在很大程度上得益于当地村民对知识改变命运的价值坚守与文化传承，也蕴含着对清水鱼营养增智和鱼文化传承的普遍认知，因此当地人也称清水鱼为"博士鱼"。

2. 开化龙顶茶

开化龙顶茶属条形绿茶，素有"滚滚钱江潮，壮观天下无，龙头接龙尾。龙头是龙顶，龙尾是龙井"的美称，以"条索紧结挺直，白毫披露，银绿隐翠，芽叶成朵匀齐，香气鲜嫩清幽，滋味醇鲜甘爽，汤色杏绿清澈"为特征。开化龙顶茶早在1985年被评为全国名茶，2003年荣获国家地理标志保护产品专用标志。开化龙顶茶泡出来以后不但色绿、汤香，更奇特的是个个茶叶树立杯中，好似一片水中绿洲。

开化龙顶茶（开化县农业农村局／提供）

"开化龙顶茶"国家地理标志保护产品授牌（开化县农业农村局／提供）

3. 山茶油

山茶油是我国最古老的木本食用植物油之一，色泽金黄或浅黄，品质纯净，澄清透明，气味清香，味道纯正，是我国特有的传统食用植物油。开化种植油茶历史悠久，素有"中国油茶之乡""全国油茶示范基地县"之称，全县现有油茶基地20.72万亩（其中本地土种17.9万亩、新品种2.82万亩），占全县林地面积的7%，占全省油茶面积的9%，位居全省第四位。山茶油营养丰富，富含不饱和脂肪酸、山茶甙、茶多酚、皂苷、鞣质和角鲨烯等，具有极强的保健功能。

油茶果（开化县农业农村局／提供）

山茶油（开化县农业农村局／提供）

4.中蜂蜜

中蜂，全称中华蜜蜂，是我国独有的蜜蜂品种，是以杂木树为主的森林群落以及传统农业的主要授粉昆虫，非常适合山区定点饲养。开化中蜂养殖历史悠久，千百年来当地人以传统方式将专制木桶安放在土房、岩石等冬暖夏凉之处进行原生态养殖，被誉为"天财"。据统计，开化县共有中蜂养殖户2 200余户，养殖量达3.1万余群，养殖量位居全省首位。中蜂产的蜜，即为中蜂蜜，也称土蜂蜜，富含葡萄糖、果糖、氨基酸及维生素等多种成分，有清热解毒、补中润燥、养颜、抗衰老等功效。

中蜂（富雅丽／摄）　　　　　　　中蜂蜜（富雅丽／摄）

5.其他农产品

水稻是遗产地的主要粮食作物，水稻产量一直占粮食总产量的80%以上，且以优质稻米为主。高山蔬菜生长地处高处，受高海拔气候环境影响，一般比低海拔平原地区生产的蔬菜上市晚、品质更好。2004年，遗产地内的"何田高山蔬菜基地"被认定为"浙江省无公害农产品基地"；2005年，钱江源牌高山茄子和高山萝卜2个蔬菜产品分别被评为浙江省农业博览会金奖和优质奖。中药材人工栽培始于20世纪60年代，主要品种有元胡、杜仲、茯苓、米仁、天麻、杭白菊、厚朴等，多为零星栽培，品质较高。本地竹木品种以毛竹为主，其他还有刚竹、雷竹、苦竹、孝顺竹等，遗产地内竹林面积超过5 000亩的有中村乡和齐溪镇。果品除板栗和柑橘以外，还有桃、梨、枇杷、李、柿、樱桃、猕猴桃、葡萄、草莓等，种类多样。

何田乡高山蔬菜（开化县农业农村局／提供）

（二）产业发展兴旺

1.农产品生产

清水鱼是开化县最具地方特色的传统农产品，也是辐射面最广、带动力最强、助农增收作用最大的农业产业之一。2012年，开化县被授予"中国清水鱼之乡"的称号；2018年，"开化清水鱼"获得浙江省优秀农产品最具历史价值十强品牌。目前，清水鱼养殖已由原先的何田、长虹、中村等少数乡镇拓展至全县所有乡镇40%的行政村。

"中国清水鱼之乡"证明文件

2019年，遗产地6个乡镇清水鱼养殖规模1 039亩，年产量931吨，分别占开化县的43.0%和42.3%。根据对酒店及餐饮连锁需求对接和市场消费趋势分析，清水鱼仍供不应求，年缺口达2 500吨，清水鱼产业未来具有较大的发展空间。

除了清水鱼产业以外，开化县特色传统优势产业"两茶一鱼一蜂"（龙顶茶、油茶、清水鱼和中蜂）也是开化山泉流水养鱼系统的优势产业。2019年，遗产地龙顶茶的种植规模、总产量分别为30 366亩和1 449.6吨，分别占开化县的49.1%和61.4%；遗产地油茶的种植规模、山茶油的总产量分别为76 660亩和557.7吨，分别占开化县的35.9%和58.1%；遗产地中蜂的养殖规模、蜂蜜总产量分别为9 214群和40.5吨，分别占开化县的23.6%和20.3%（表3）。

表3 2019年遗产地主要特色农业生产统计

遗产地	清水鱼		茶叶		油茶		中蜂	
	规模（亩）	产量（吨）	规模（亩）	产量（吨）	规模（亩）	产量（吨）	规模（群）	产量（吨）
何田乡	600	360	9 200	1 100	0	0	0	0

（续）

遗产地	清水鱼		茶叶		油茶		中蜂	
	规模（亩）	产量（吨）	规模（亩）	产量（吨）	规模（亩）	产量（吨）	规模（群）	产量（吨）
长虹乡	303	206	3 765	80	6 500	50	1 500	8
中村乡	240	95	1 600	4.5	0	0	1 450	0.4
齐溪镇	51	58	3 391	17.6	0	0	1 729	21.5
苏庄镇	61	105	11 260	230	65 000	500	3 435	10.3
马金镇	54	107	1 150	17.5	5 160	7.7	1 100	0.3
合计	1 309	931	30 366	1 449.6	76 660	557.7	9 214	40.5

资料来源：开化县农业农村局。

2. 农产品加工

随着人们消费需求的多样化和现代农业的深入推进，农产品加工的作用日益突显。近年来，开化县通过直接包装、粮食加工、榨油、酿造、制茶等多种方式对当地生态农产品进行加工销售，不仅增加了附加值，而且提高了对外销量。目前，遗产地的农产品加工分为2类：一类是对农产品进行直接包装等初加工，以便于运输、贮存和销售；另一类是沿用传统加工工艺对农产品进行深加工，并结合包装设计，衍生出许多高附加值产品。

开化清水鱼、生态甲鱼、中蜂蜜等养殖类农产品风味独特、营养价值高，多数进行充氧包装或者真空包装，能够较长时间地保持产品品质。当地茶叶、油茶籽、粮食等农产品加工历史悠久，形成了独特的传统加工工艺，其中开化的龙顶茶制作技艺、传统榨油技艺、冻米糖制作技艺等均已列入浙江省非物质文化遗产保护名录。在沿用传统加工工艺的基础上，对龙顶茶、山茶油、冻米糖、米酒等进行包装设计，极大提升了产品的市场价值。

开化清水鱼

生态家鱼

中蜂蜜

生态大米

开化龙顶茶

开化山茶油

冻米糖

手工米酒

遗产地主要农产品加工产品（何梓群／摄）

【开化龙顶茶制作工艺】

制作开化龙顶茶要求茶叶外形和内汁俱佳：外形紧直挺秀，色泽翠绿；内汁馥郁持久，鲜醇爽口，回味甘甜。其生产工序大体如下：

采摘标准：清明前后，选择芽叶粗壮、多毫的植株，采摘一芽一叶，芽长于叶，芽长在3厘米以下，每千克芽头8万个左右。

适度摊放：采回的鲜叶薄摊在室内通风、清洁、干燥的篾垫上。叶片发软，芽叶舒展，鲜叶散发出清香。摊放时间要根据温度、湿度等科学掌握。

小锅杀青：操作要求轻、快、净、散，即手势轻、动作快、捞得净、抖得散。待水分大量蒸发后，锅温可降低到90～100℃，炒到叶色转暗绿、叶质柔软、略卷成条、折梗不断、青气消失、失重约30%，即可起锅。

轻揉搓条：在篾匾内左手握茶，右手大拇指分开推左手，使茶叶在左手中笔直滚动，如此反复轻揉，中途解块，待有茶汁揉出、芽叶成条即可。

初烘勤翻：使用竹制烘笼，将揉捻叶均匀薄摊在烘笼上，烘焙中要勤翻、轻翻、快烘。当初烘叶紧握不成团、松手即散开，就可下烘摊晾。

整形提毫：理条整形时，大拇指分开，四指并拢伸直，将锅底茶坯抓起向锅边炒，使茶叶沿锅在手中滚动，同时从手两边挤出少量茶叶落到锅中，并不断从锅底抓起落叶，如此反复炒制，使手中的茶叶直而整齐，达到理条整形的目的。

低温焙干：文火慢烘。笼温先高后低，适时翻烘，保证条索完整，烘至捏茶成末，茶香扑鼻，起笼储藏。

【开化油茶传统榨油工艺】

传统手工土榨的山茶油与机械压榨的相比，颜色金黄且味香，热度低，桶底没有沉淀物，宜久储藏。其工艺大致可以分为7个步骤：

烘炒：将晒干的茶籽放入灶台大锅中炒干，炒干的标准是香而不焦，注意要控制好灶台火候的大小，这关系到能否榨出香而纯的油。

碾粉：将炒干的山茶籽放入碾槽中碾碎。碾盘的直径一般都在4米以上，碾盘上有3个碾轮。以前均由水力或牛拉碾碎山茶籽，现在都改为电力碾粉。

蒸粉：山茶籽碾成粉末后，用木甑放入小锅蒸熟，一般一次蒸1个饼，通过看蒸气判断是否蒸熟，凭师傅的经验，但不能熟透。

做饼：将蒸熟的粉末倒入用稻草垫底的圆形铁箍之中，做成坯饼，一榨50个饼。

入榨：手工榨油坊的"主机"是一根粗硕的"油槽木"，长度在5米以上，切面直径不小于1米，树中心凿出一个长2米、宽40厘米的"油槽"，油坯饼填装在"油槽"里，开榨时，掌锤的师傅执着悬吊在空中的大约15千克重的油锤，悠悠地撞到油槽中的"进桩"上，被挤榨的油坯饼便流出一缕缕金黄的山茶油。

出榨：经过几轮榨后，油几乎榨尽，就可以出榨了。出榨的顺序为先撤"木进桩"，再撤木桩，最后撤饼。

入缸：将榨出的菜油倒入大缸之中，密封保存。

传统榨油机（开化县文广旅体局／提供）

【齐詹记冻米糖制作技艺】

开化齐詹记糕点房制作的冻米糖"甜而不腻，酥而不硬，松而不散，香、甜、酥、脆皆具"。产品晶莹剔透似白玉、粒粒饱满赛珍珠。其制作工艺如下：

①选择颗粒饱满、体圆洁白的糯米。洗净后，入池中浸泡14～15小时，放入饭甑蒸熟，冷却后放到室外冷冻。要将糯米饭冻成冰晶体后再用手将饭团块搓散。移至晒场上晒干，直至半透明的冻米。

②按比例将白砂糖、饴糖和清水倒入锅中熬糖，用小火加热熬至140℃左右，糖稀的浓度以能拉成长丝而不断为最佳状态。将冻米用油炸法或沙炒方法制成爆米花。

③待糖稀降到低温后，按量加入米花、糖桂花或花生，搅拌均匀。搅拌的动作要迅速，用力均匀。起锅后放到木架内，用木滚筒滚平压实，用刀切成条片形，冻米糖即制作完成。

3. 休闲农业发展

遗产地自然景观优越、人文历史厚重、农耕文化丰富，是发展休闲农业的极佳地区。自然景观以钱江源国家森林公园、古田山国家级自然保护区为代表，拥有山地、森林、河流、野生动植物等多种不同形式的生态资源。农耕历史久远，在农业生产过程中创造了极为丰富的口头文学、民间音乐、民间舞蹈、民间戏曲和民间工艺等，诸如满山唱、跳马灯和扛灯等民间演艺；乡村建筑独特，如霞山古民居、高田坑村庄、田坑古民居、霞坞老屋等，其中多数特色社区被评为古建筑村落、民俗风情村和自然生态村。这些丰富的自然、人文资源为打造、发展多种形式的休闲农业提供了有力支撑。

2009年以来，开化县通过深入挖掘鱼文化、茶文化、民俗文化等，加强农村基础设施建设，大力培养包括农事体验、观光娱乐、休闲养生等内容的休闲农业主体，带动了第三产业的快速发展。2019年，遗产地内A级景区村庄（自然村）共67个，其中3A级景区村庄31个，约占总数的46.3%；农家乐共498家，其中星级农家乐114家，约占总数的22.9%（表4）。

表4　2019年遗产地休闲农业主体数量

遗产地	A级景区村庄（个）	1A级景区村庄（个）	2A级景区村庄（个）	3A级景区村庄（个）	农家乐（家）	星级农家乐（家）
何田乡	19	5	3	11	62	5
长虹乡	8	1	4	3	91	23
中村乡	3	1	1	1	26	0
齐溪镇	9	3	2	4	208	85
苏庄镇	10	7	1	2	65	0
马金镇	18	4	4	10	46	1
合计	67	21	15	31	498	114

资料来源：开化县农业农村局。

何田乡以建设"鱼香小镇"为契机，围绕清水鱼特色，将乡村休闲旅游与清水鱼文化融为一体，使得以"清水鱼"为形象代表的休闲渔业得到长足发展。2016—2017年，何田乡先后获评"全国休闲渔业示范基地""全国最美渔村"。至2019年，全乡共有从事渔业休闲餐饮、住宿服务的农家乐、民宿62家，全年接待游客5.6万人，实现休闲渔业营业收入近600万元。

另外，开化县还通过多种途径宣传清水鱼文化，开发相关文创产品。2018年，开化县举办了首届开化美食文化节，并以清水鱼的

农业部办公厅文件

农办渔〔2017〕70号

农业部办公厅关于公布2017年休闲渔业品牌创建主体认定名单的通知

各省、自治区、直辖市及计划单列市渔业主管厅（局）、新疆生产建设兵团水产局，各有关单位：

根据《农业部办公厅关于开展休闲渔业品牌培育活动的通知》（农办渔〔2017〕52号）文件部署，我部采取县级申报、网络初审、专家评审和网络投票的方式组织开展了2017年休闲渔业发展典型品牌创建工作，经综合评审、网上公示等程序，认定东港市獐岛村等27个村（镇）为"最美渔村"、唐山海洋牧场生态基地等45家单位为"全国精品休闲渔业示范基地（休闲渔业主题公园）"、碧海（中国）钓具产业博览会等25

个节庆（会展）活动为"国家级示范性休闲渔业文化节庆（会展）"，二友创美"玩冠I"中国休闲渔类的争霸战等10项赛事为"全国有影响力的休闲渔业赛事"。承德县马盂山龙湾休闲山庄等100家单位为"全国休闲渔业示范基地"。现授名单于以公布，有效期自发文之日起至2020年12月31日止。

各级渔业主管部门要加强对本辖区内休闲渔业品牌的培育工作和动态管理，强化群众技术和宣传推介，营造良好发展环境，共同推动休闲渔业健康稳态发展，负得休闲渔业品牌相关称号的单位要珍视荣誉，抓正行规经营，诚信规范服务，安全义字发展，积极维护休闲渔业品牌的良好社会形象。

农业部办公厅
2017年10月25日

2017年休闲渔业品牌创建主体认定名单

一、最美渔村

辽宁省（1个）
东港市獐岛村

吉林省（1个）
珲春市敬信镇防川村

黑龙江省（1个）
抚远市抓吉赫哲族村

江苏省（5个）
扬州市方巷镇沿湖村
盱眙县天泉湖港城
南通市启隆镇
兴安市新坝镇
泰州市沙沟镇

浙江省（2个）
台州市石塘镇五岙村
衢州市何田乡

福建省（4个）
霞浦县国头村

— 1 —　　— 2 —　　— 3 —

开化县何田乡2017年"全国最美渔村"的认定文件

卡通形象作为吉祥物，取名"清清"，代表开化清水环境生长的水产美食特色。它以拟人化思路设计，背鳍化作头发，鱼鳃变形为双耳，尾鳍是双脚，将两根鱼须置于头顶，衬托着玲珑面孔更显俏皮欢乐；身披"开化欢迎您"的绶带，传达对旅游开拓的意义；五彩配色传达开化美食可口开胃的视觉冲击，宝宝憨萌无邪的笑容代表开化人民的热情好客与诚挚淳朴。后来在"清清"的卡通形象基础上，进一步开发了一系列微信表情，对宣传清水鱼文化和带动一三产业发展产生了重要推动作用。

开化清水鱼卡通形象"清清"（开化县农业农村局/提供）

（三）农民就业增收

1. 促进就业

清水鱼原来只是何田、长虹一带农民一家一塘式生活的"副产品"，养殖只是用作自己吃、招待客人和送长辈，仅是一道传统的特色菜。开化县将其列入农业主导产业培育后，已经实现从传统特色菜向特色产业发展的转变。开化县清水鱼养殖范围已发展到全县范围，全县从业农民5 767人，而遗产地从业农民达3 327人，约占全县的57.7%。

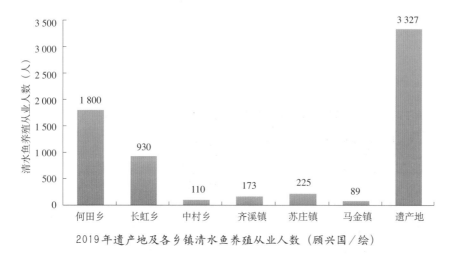

2019年遗产地及各乡镇清水鱼养殖从业人数（顾兴国／绘）

除了小的流水坑塘以外，遗产地还建成较大的清水鱼养殖基地28个，经营主体从农民向合作社、家庭农场、公司发展，目前已有县级以上规范化、示范性主体5个。2015年以来，有不少本地或外地企业家在遗产地考察以开展清水鱼规模化养殖，有的已投入建设，有的正在进行土地流转。开化县的清水鱼养殖基地，原来只从事单纯的清水鱼养殖，现在已逐步向养鱼、观鱼、品鱼、烧鱼、吃鱼及渔事体验等鱼旅融合方向发展，并取得了较好效果。

2. 带动增收

得益于"好山好水养好鱼"，清水鱼市场近10年来一直处于供不应求的行情。2011年，杭州开设了第一家衢州市外清水鱼配送中心，随后杭州、嘉兴、宁波、义乌等地合作的酒店、清水鱼配送店、展示体验店等快速发展，截至2019年，衢州市外清水鱼配送中心达9家，合作酒店达120余个，仅义乌开设的开化清水鱼餐馆就多达200余家。从目前大型酒店、餐饮连锁的需求对接和市场消费趋势分析，清水鱼年缺口仍达2 500吨。

在这种市场行情下，清水鱼的价格也在逐年上升。2009年，清水鱼的平均塘边价为20元/千克，为普通草鱼的2倍左右；2019年，何田等地古法养殖的1龄清水鱼的塘边价约50元/千克，为普通草鱼的4倍左右，长虹高田坑、河滩等地零售清水鱼的塘边价甚至达到80元/千克，即使是一般规模化养殖基地的清水鱼，塘边批发价也

清水鱼养殖农户（何梓群／摄）

在36元/千克以上。目前，杭州滨江清水鱼配送中心对1龄清水鱼的零售定价达96元/千克，为普通草鱼的6～8倍。

清水鱼养殖具有投入小、见效快、回报高、门槛低的特点，非常适合当地留守人员发展。例如，何田乡高升村大铺自然村通过集体开挖鱼塘16口，年产清水鱼8吨，每年不仅可增加村集体收入20万元，还带动周边20多户农户增收；中村乡西畈村清水鱼养殖农户傅志明在2010年建设了4口鱼塘（约600米²），之后每年都有5万元左右的净收入。目前，农民利用空闲时间养殖清水鱼可户均增收近6 000元；在一产快速健康发展的同时，加工、休闲、流通等二、三产业也得到较快发展，特别是在乡村旅游的带动下，农民增收更加明显。"一口塘，一条鱼，成为山区农民的增收致富好途径"。

三

从基因宝库到气候调节

浙 江 开 化 山 泉 流 水 养 鱼 系 统

（一）复合农业生态系统

千百年来，开化农民利用当地丰富的山泉水资源在房前屋后或溪边沟旁建造流水坑塘，并通过投喂自然青饲料来养鱼，逐渐形成森林、梯田、茶园、溪流、坑塘和村落相连成一体的独特的土地利用方式和复合农业生态系统——浙江开化山泉流水养鱼系统。这一遗产系统不仅能为保障当地农民的生计安全提供多种物质产品，还具有多种生态系统服务功能。

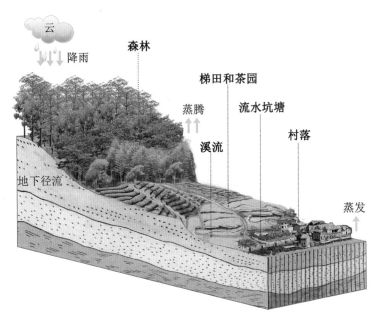

浙江开化山泉流水养鱼系统结构示意图（何梓群／绘）

1.森林

森林是"山泉流水"的主要源头。遗产地森林植被属于中亚热带低海拔常绿阔叶林植被带，森林生态系统健全，具有巨大的涵养水源功能。尤其是位于遗产地内的钱江源国家森林公园，低海拔中亚热带常绿阔叶林保存良好，生物多样性丰富，在涵养水源、水土保持、生物多样性维持和净化空气方面具有重要作用。据统计，钱江源多年平均水资源量24.5亿米^3，是浙江最重要的水源涵养地和名副其实的"浙江水塔"。可以说，没有以钱江源国家森林公园为主体的森林生态系统，就没有山泉流水养鱼模式的形成和发展。

森林与泉水（顾兴国／摄）

2. 溪流

溪流既是开展山泉流水养鱼等农业生产活动的供水渠道，也是当地人生活用水的主要来源。开化县地势西北高、东南低，遗产地主要位于西北部的中山地区，中部和东南部逐渐由中山向低山、高丘、低丘、河谷小盆地过渡，间有苏庄溪、池淮溪、中村溪和马金溪等多条水系。遗产地内大小河流密布，源短流急，水量充沛，河床比降大，洪枯水位变化明显，含沙量少，均属于山溪型河流。分散的溪流流经地区森林茂密，水质优良且富含多种矿物质，为建造流水坑塘和进行农业灌溉提供了便利。

溪流与周边梯田（顾兴国／摄）

3. 梯田与茶园

梯田与茶园多数建在山腰处，与溪流交叉分布，对水流具有过滤和缓冲作用，是当地人的粮食和茶叶生产基地。遗产地的传统特色农产品"两茶一鱼"（龙顶茶、山茶油和清水鱼）主要来自于此，其他的农作物有水稻、甘薯、豆类、油菜等。梯田内水稻、蔬菜等的种植与清水鱼的养殖能够产生密切联系，稻苗、菜叶、瓜藤等是清水鱼的优质饲料，坑塘养殖长时间积累的塘泥又能成为作物种植的有机肥料。茶园里的茶树根系发达，能够有效固持土壤；树冠面积大、覆盖度高，可避免雨水的直接冲刷，并且能将降雨部分截留或者全部截留，因此具有很强的水土保持功能。

梯田与茶园（顾兴国／摄）

4. 流水坑塘

流水坑塘一般沿山脚溪流建造，少数分布在山腰田边，通过进水口和出水口与溪流成为一体，是山泉流水养鱼模式的主要载体。千百年来，当地农民引用优质的山泉溪水，并通过投喂种植的青草养殖清水鱼。青草种植以黑麦草、苏丹草等为主，塘内上层的草鱼食用青草后形成残留并排泄粪便，这些残渣落入塘底，多数可被搭养的鲤、鲫等底层鱼消化，或定期捞出；塘底的淤泥在年底会被清理上来，又可作为草肥，形成循环型的生态养殖系统，对外界环境基本零污染。山泉流水养鱼模式不仅为山区人民带来了鲜鱼美味和经济收入，更保住了他们的"绿水青山"。

流水坑塘（顾兴国／摄）

5. 村落

村落大多分布在山脚下，与溪流相依，村民常通过引水渠将溪流水引到自家房前屋后，既便于养鱼，又容易取水。遗产地内有高田坑、龙门、霞山3个中国传统村落，古田、北源、库坑、霞田等15个浙江省历史文化村落，村落中多数都有农民进行

中国传统村落——高田坑村（顾兴国／摄）

山泉流水养鱼，而且保留了非常丰富的传统乡村建筑、文物、胜迹遗址以及非物质文化遗产等。作为当地人生活的主要场所，村落与山泉流水养鱼结合密切，承载了以节庆文化、饮食文化、建造文化、清水鱼文化为核心的多元农耕文化，是遗产地文化传承的重要阵地。

（二）丰富的生物基因库

1.植物基因宝库

浙江开化山泉流水养鱼系统农业文化遗产保护区包括开化县西北的6个乡镇，涵盖钱江源国家公园体制试点区。遗产地低海拔中亚热带常绿阔叶林保存良好，具有代表性和典型性，其生态系统在中国乃至全世界较为罕见，具有全球保护价值。

据统计，遗产地内共有高等植物244科897属1 991种，其中苔藓植物55科142属325种，蕨类植物34科66属166种，种子植物155科689属1 500种。野生木本植物共有95科270属832种，种类丰富。有南方红豆杉国家Ⅰ级重点保护植物，金钱松、鹅掌楸、连香树、杜仲香果树、长柄双花木等21种国家Ⅱ级保护植物，具有古老、孑遗、珍稀植物多，珍稀濒危植物种类多，大型真菌种类多样，古树名木资源丰富等特点（表5）。

表5 钱江源国家公园珍稀濒危植物一览表

物种（中文名与拉丁学名）	所属科	国家重点保护野生植物（第一批）	浙江省重点保护野生植物（2012）	中国植物红皮书（1991）	中国物种红色名录（2004）
金钱松 *Pseudolarix amabilis*	松科	Ⅱ级		易危 二级	易危
南方红豆杉 *Taxus wallichiana* var. *mairei*	红豆杉科	Ⅰ级			易危
榧树 *Torreya grandis*	红豆杉科	Ⅱ级			
华西枫杨 *Pterocarya insignis*	胡桃科		✓		

（续）

物种 （中文名与拉丁学名）	所属科	国家重点保护 野生植物 （第一批）	浙江省重点 保护野生植 物（2012）	中国植物 红皮书 （1991）	中国物种红色 名录 （2004）
长序榆 *Ulmus elongata*	榆科	II级		濒危 二级	濒危
大叶榉树 *Zelkova schneideriana*	榆科	II级			
金荞麦 *Fagopyrum dibotrys*	蓼科	II级			
六角莲 *Dysosna pleiantha*	小檗科		✓		
八角莲 *Dysosma versipellis*	小檗科			渐危 三级	易危
箭叶淫羊藿 *Epimedium sagittatum*	小檗科		✓		
鹅掌楸 *Liriodendron chinense*	木兰科	II级		渐危 二级	易危
黄山木兰 *Magnolia cylindrica*	木兰科			渐危	易危
厚朴 *Magnolia officinalis*	木兰科	II级			易危
野含笑 *Michelia skinneriana*	木兰科		✓		
香樟 *Cinnamomum camphora*	樟科	II级			
闽楠 *Phoebe bournei*	樟科	II级		渐危 三级	易危
杜仲 *Eucommia ulmoides*	杜仲科		✓	易危	
野大豆 *Glycine soja*	豆科			渐危 三级	
三小叶山豆根 *Euchresta japonica*	豆科	II级		渐危 二级	濒危
花榈木 *Ormosia henryi*	豆科	II级			易危

（续）

物种 （中文名与拉丁学名）	所属科	国家重点保护 野生植物 （第一批）	浙江省重点 保护野生植 物（2012）	中国植物 红皮书 （1991）	中国物种红色 名录 （2004）
红椿 *Toona ciliata*	楝科	Ⅱ级			易危
三叶崖爬藤 *Tetrastigma hemsleyanum*	葡萄科		√		
密花梭罗 *Reevesia pycnantha*	梧桐科		√		
紫茎 *Stewartia sinensis*	山茶科			易危	
杨桐（红淡比） *Cleyera japonica*	山茶科		√		
秋海棠 *Begonia grandis*	秋海棠科		√		
中华秋海棠 *Begonia grandis* subsp. *sinensis*			√		
香果树 *Emmenopterys henryi*	茜草科	Ⅱ级		稀有 二级	近危
曲轴黑三棱 *Sparganium fallax*	黑三棱科		√		
薏苡 *Coix lacryma-jobi*	禾本科		√		
短穗竹 *Brachystachyum densiflora*	禾本科			稀有	易危
金刚大 *Croomia japonica*	百部科		√		
华重楼 *Paris polyphylla* var. *chinensis*	百合科		√		
狭叶重楼 *Paris polyphylla* var. *stenophylla*	百合科		√		

（续）

物种 （中文名与拉丁学名）	所属科	国家重点保护 野生植物 （第一批）	浙江省重点 保护野生植 物（2012）	中国植物 红皮书 （1991）	中国物种红色 名录 （2004）
延龄草 *Trillium tschonoskii*	白合科		✓		
白芨 *Bletilla striata*	兰科				易危
钩距虾脊兰 *Calanthe graciliflora*	兰科				易危
蕙兰 *Cymbidium faberi*	兰科				易危
多花兰 *Cymbidium floribundum*	兰科				易危
寒兰 *Cymbidium kanran*	兰科				易危
春兰 *Cymbidium goeringii*	兰科				易危
斑叶兰 *Goodyera schlechtendaliana*	兰科				近危
短距槽舌兰 *Holcoglossum flavescens*	兰科				易危
长唇羊耳蒜 *Liparis pauliana*	兰科				易危
筒距舌唇兰 *Platanthera tipuloides*	兰科				近危
短茎萼脊兰 *Sedirea subparishii*	兰科				濒危
带唇兰 *Tainia dunnii*	兰科				近危
小花蜻蜓兰 *Tulotis ussuriensis*	兰科				近危

注："✓"表示该种被列为浙江省重点保护野生植物（2012）。

　　从植被的垂直分布来看，遗产地植被涵盖中亚热带常绿阔叶林、常绿落叶阔叶混交林、针阔叶混交林、针叶林、亚高山湿地5种类型。每一种类型中均有自己的独特种类，这里的常绿阔叶林从外貌、结构和种类组成上看，均具有我国典型常绿阔叶林的基本特征。因此，可以说遗产地的常绿阔叶林是联系华南到华北植物的典型过渡带，是华东地区重要的生态屏障。

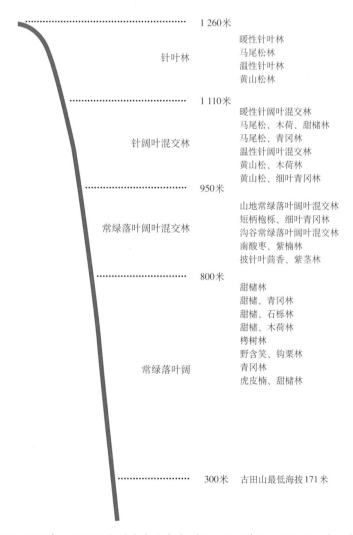

钱江源国家公园植物类型垂直分布带（钱江源国家公园管理局／提供）

2. 动物基因宝库

遗产地繁茂的森林植被，为动物栖息、繁衍创造了良好的生态环境。据调查，遗产地共有脊椎动物26目67科239种、两栖类2目7科26种、爬行类3目9科51种、鸟类13目30科104种、兽类8目21科58种。昆虫类繁多，有22目191科759属1 156种，其中，以古田山为模式产地的昆虫有11目37科164种，有30种以"古田山""开化"命名的昆虫新种（以"古田山"命名的24种，以"开化"命名的6种）。保护区内有国家一级重点保护动物白颈长尾雉、黑麂、云豹和豹；同时，还生活着34种国家二级重点保护动物，其中昆虫1种、两栖类1种、鸟类22种、兽类10种；省级重点保护动物有38种，其中昆虫2种、两栖类1种、爬行类动物7种、鸟类20种、兽类8种。

白颈长尾雉（开化县农业农村局／提供）

黑麂（开化县农业农村局／提供）

云豹（开化县农业农村局／提供）

豹（开化县农业农村局／提供）

　　遗产地溪流众多，大小密布，还有齐溪水库、茅岗水库等中小型水库，为鱼类繁衍生长提供了优越条件。据2017年开化县渔业资源普查，有鱼类74种，隶属于4目13科52属。其中，鲤形目的种类最多，为56种（占75.7%）；其次是鲈形目10种（占13.5%）；鲇形目7种（占9.5%）；合鳃目1种（占1.4%）。除此之外，还发现了中华鳖、日本沼虾、粗糙沼虾、克氏螯虾、浙江华溪蟹等。社会调查结果显示，开化县还有俄罗斯鲟、中华鳖（日本品系）、大鲵、棘胸蛙、克氏螯虾等养殖水生生物。季节分布方面，春季优势种为鲫、光唇鱼；夏季优势种为黄尾鲴、圆吻鲴、光唇鱼、海南拟鳘、鲫和宽鳍鱲；秋季优势种为光唇鱼、鲫、大眼华鳊和黄颡鱼；冬季优势种为光唇鱼、鲫。全年优势种为圆吻鲴、黄尾鲴、光唇鱼、黄颡鱼、海南拟鳘、大眼华鳊和鲫，合计占总数量的57.27%。大眼华鳊、黄尾鲴、光唇鱼、鲫4种为遗产地水域周年重要种。

【开化县鱼类种类名录】

A. 鲤形目

a. 鲤科

草鱼 *Ctenopharyngodon idella*

青鱼 *Mylopharyngodon piceus*

赤眼鳟 *Squaliobarbus curriculus*

尖头大吻鲅 *Phoxinus oxycephalus*

马口鱼 *Opsariichthys bidens*

宽鳍鱲 *Zacco platypus*

麦瑞加拉鲮 *Cirrhinus mrigala*

鳘 *Hemiculter leuciscwlu*

海南拟鳘 *Pseudohemiculter hainanensis*

红鳍原鲌 *Cultrichthys erythropterus*

寡鳞飘鱼 *Pseudolaubuca engraulis*

大眼华鳊 *Sinibrama macrops*

翘嘴鲌 *Culter alburnus*

达氏鲌 *Culter dabryi*

蒙古鲌 *Culter mongolicus*

团头鲂 *Megalobrama amblycephala*

圆吻鲴 *Distoechodon*

黄尾鲴 *Xenocypris davidi*

细鳞鲴 *Xenocypris microleps*

似鳊 *Pseudobrama simoni*

中华鳑鲏 *Rhodeus sinensis*

高体鳑鲏 *Rhodeus ocellatus*

大鳍鱊 *Acheilognathus macropterus*

斜方鱊 *Acheilognathus rhombeus*

须鱊 *Acheilognathus barbatus*

鳙 *Aristichthys nobilis*

鲢 *Hypophthalmichthys molitrix*

光倒刺鲃 *Spinibarbus hollandi*

光唇鱼 *Acrossocheilus fasciatus*

温州光唇鱼 *Acrossocheilus wenchowensis*

薄颌光唇鱼 *Acrossocheilus kreyenbergii*

台湾铲颌鱼 *Onychostoma barbatulum*

鲤 *Cyprinus carpio*

瓯江彩鲤 *Cyprinus carpio* var. *color*

散鳞镜鲤 *Cyprinus carpio haematopterus*

鲫 *Carassius auratus*

红鲫 *Red crucian carp*

唇䱗 *Hemibarbus laleo*

花䱗 *Hemibarbus maculatus*

麦穗鱼 *Pseudorasbora parva*

黑鳍鳈 *Sarcocheilichthys nigripinnis*

江西鳈 *Sarcocheilichthys kiangsiensis*

小鳈 *Sarcocheilichthys parvus*

华鳈 *Sarcocheilichthys sinensis*

银鮈 *Squalidus argentatus*

点纹银鮈 *Squalidus wolterstorffi*

似鮈 *Pseudogobio vaillanti*

棒花鱼 *Abbottina rivularis*

蛇鮈 *Saurogobio dabryi*

福建小鳔鮈 *Microphysogobio fukiensis*

b. 平鳍鳅科

原缨口鳅 *Vanmanenia stenosoma*

c. 鳅科

中华花鳅 *Cobitis sinensis*

侧斑后鳍花鳅 *Niwaella laterimaculata*

泥鳅 *Misgurnus anguillicaudatus*

大鳞副泥鳅 *Paramisgurnus dabryanus*

宽斑薄鳅 *Leptobotia tchangi*

B. 鲇形目

a. 鲇科

鲇 *Silurus asotus*

b. 鲿科

黄颡鱼 *Pseudobagrus fulvidraco*

白边拟鲿 *Pseudobagrus albomarginatus*

盎堂拟鲿 *Pseudobagrus ondon*

乌苏里拟鲿 *Pseudobagrus ussuriensis*

大鳍鳠 *Hemibagrus macropterus*

c. 钝头鮠科

白缘缺 *Liobagrus marginatus*

C. 合鳃鱼目

合鳃鱼科

黄鳝 *Monopterus albus*

D. 鲈形目

a. 月鳢科

乌鳢 *Channa argus*

b. 鮨科

鳜 *Siniperca chuatsi*

斑鳜 *Siniperca scherzeri*

波纹鳜 *Siniperca undalata*

大眼鳜 *Siniperca kneri*

c. 塘鳢科

河川沙塘鳢 *Odontobutis potamophila*

尖头塘鳢 *Eleotris oxycephala*

d. 虾虎鱼科

子陵吻虾虎鱼 *Rhinogobius giurinus*

e. 太阳鱼科

蓝鳃太阳鱼 *Lepomis macrochirus*

f. 刺鳅科

中华刺鳅 *Mastacembelus sinensis*

3. 农业生物多样性丰富

浙江开化山泉流水养鱼系统涉及林木种植、水稻和茶树种植、家禽养殖、清水鱼养殖和草类种植等多种农业生产活动,农业生物多样性丰富。粮油作物有谷物、豆类、薯类和油料等,其中水稻、番薯、油菜、油茶的种植普遍。经济作物主要包括茶树、中药材和蔬菜:茶树传统品种属于鸠坑种系,现在种植较多的还有福鼎、中白、中黄、翠峰等茶种;中药材有杭白菊、杜仲、南方红豆杉、厚朴等;蔬菜种类多样、种植分散。林木分为天然林和人工林,采伐较多的有毛竹、杉树、松树、樟树和梧桐,果树有板栗、柿子、猕猴桃、柑橘、杨梅、桃、梨、蓝莓、草莓等。养殖的动物有家禽、牲畜、鱼类等,其中流水坑塘里主要养殖草鱼,其次为鲤、鲫、鳊、青鱼、军鱼、光唇鱼等,溪流旁有少量家禽养殖,以鸡、鸭、鹅为主。村庄周边种植黑麦草、苏丹草、墨西哥玉米、茅秆等为清水鱼提供青饲料(表6)。

表6　系统内主要农业物种

大类	小类	物种名称
粮油作物	谷物	水稻、玉米、小麦、大麦、薏米等
	豆类	大豆、红豆、绿豆、豇豆、花生等
	薯类	番薯、马铃薯等
	油料	油茶、油菜、芝麻等
经济作物	茶树	鸠坑茶种、福鼎茶种、中白茶种、中黄茶种、翠峰茶种等
	中药材	杭白菊、铁皮石斛、灵芝、杜仲、南方红豆杉、厚朴等
	蔬菜	白菜、芹菜、菠菜、萝卜、茄子、辣椒、黄瓜、南瓜、四季豆、蚕豆、西葫芦、芥菜、莴笋、芦笋、冬瓜、苦苣、苦瓜、丝瓜、生菜、番茄、韭菜、大蒜、生姜、大葱、香菇、金针菇、平菇等
林果	林木	毛竹、杉树、松树、樟树、梧桐等
	干果	板栗、银杏等
	水果	猕猴桃、柑橘、杨梅、桃、梨、西瓜、蓝莓、草莓等

（续）

大类	小类	物种名称
畜禽	家禽	鸡、鸭、鹅等
	牲畜	猪、牛、羊、兔、马等
	其他	蜜蜂等
水产	鱼类	草鱼、鲤、鲫、鳊、鲢、鳙、青鱼、军鱼、光唇鱼、黄鳝等
	其他	鳖、螺蛳、林蛙、大鲵、小龙虾等
其他	草类	黑麦草、苏丹草、墨西哥玉米、茅秆等

水稻　　　　玉米　　　　薏米　　　　小麦

大豆　　　　花生　　　　番薯　　　　油茶

系统内部分粮油作物（何梓群／摄）

毛竹　　　杉木　　　松树　　　板栗　　　银杏

杨梅　　　桃　　　梨　　　枇杷　　　李

| 茶树 | 铁皮石斛 | 杜仲 | 南方红豆杉 | 厚朴 |

系统内部分林、果、茶、药（何梓群／摄）

| 四季豆 | 豇豆 | 黄瓜 | 番茄 | 茄子 |

| 丝瓜 | 南瓜 | 萝卜 | 包菜 | 苦瓜 |

| 苦麦菜 | 生姜 | 苋菜 | 韭菜 | 芹菜 |

系统内部分蔬菜（何梓群／摄）

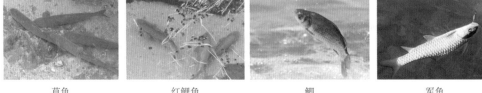

| 草鱼 | 红鲤鱼 | 鲫 | 军鱼 |

| 鸡 | 鸭 | 鹅 | 中蜂 |
| 猪 | 牛 | 羊 | 兔 |

系统内部分养殖动物（何梓群／摄）

浙江开化山泉流水养鱼系统不仅农业生物多样性丰富，而且品种多样性丰富。其中，粮油作物中以水稻品种最为丰富，可分为早籼稻、早中籼稻、晚籼稻、晚中粳稻和糯稻等，玉米和豆类的地方品种相对较多。经济作物品种多样，粟类包括柴索绞、猫尾巴、猪粪头、矮秆粟、狗尾巴、锁匙头、山粟、红粟等；茶树种植中，有很多农户沿用传统的鸠坑系品种；各类蔬菜品种繁杂，也以地方品种居多（表7）。

表7 系统内农作物品种

物种	品种名称
水稻	早籼稻：天公早、五十日、六十日、太平早、黄米籼、开化早、大粒白、红根秆、早湖白、早红米、早白米、白米西早、黄根光 早中籼稻：瘦西倒、八月红、兰溪白、余泉白、乌壳白、乌壳红、湖白、叶底白、府白、登齐黄、小田丹、许元白、早迟谷、大粒红、杨林红、一刀齐、徽州白、有芒谷、稻黄籼、麻雀花、打铁棍、天马边 晚籼稻：金包银、乌谷、稻草籼、小花谷、青稻、麻谷、白壳、长毛鸡爪籼 晚中粳稻：乌节晚米、高秆晚米、晚籼谷 糯稻：白壳糯、草鞋糯、中秋糯、重阳糯、黄籼糯、府糯、圆糯、德兴糯、冬糯、红嘴糯、长毛糯、油麻糯、黄壳糯、开化早糯、三百粒、五百粒、休宁糯、香米
小麦	和尚麦、蜈蚣麦
大麦	二棱蒲、裸麦

(续)

物种	品种名称
玉米	白头黄、金包银、黄包金、百日黄、大粒黄、铁钉黄、白玉米、黑玉米、半红、花玉米、六十工、八十工、乌伤心、黄子、白子
豆类	梅黄、白花、大粒青皮、乌豆、八月白、九月黄、青皮、黄皮、绿皮、野猪簇、饭豆、洋豆、大红袍、罗汉豆、大粒黑、大青豆、矮脚早
番薯	红皮白心、红皮红心、白皮白心、白皮红心
粟	柴索绞、猫尾巴、猪粪头、矮秆粟、狗尾巴、锁匙头、山粟、红粟
茶树	鸠坑系
芝麻	白麻、黑麻、红麻
甘蔗	细秆糖蔗
棉花	美棉、百万华棉
西瓜	瓜子瓜
油菜	土油菜、辣芥
辣椒	尖嘴辣椒、白辣椒、大辣椒
南瓜	七叶南瓜、绍兴南瓜
黄瓜	黄皮黄瓜、八月黄瓜
青菜	长梗白菜、卷心黄芽菜、乌菜、阔芥菜、圆芥、九头芥
其他蔬菜	音坑萝卜、桐槌茄、白茄、白皮冬瓜、白子四月荚、五月豇、八月豇、白苦瓜、本地丝瓜、大叶韭菜、齐溪大蒜、蟠姜、四季姜、大麦葱

（三）水源涵养与蓄水分流

1. 水源涵养

浙江开化山泉流水养鱼系统的森林覆盖率高，且以常绿阔叶林为主，具有良好的水源涵养功能。由于常绿阔叶林树种根系发达，地上部分物种丰富，由乔木、灌木、草本植物、苔藓以及藤本植物组成多层次结构，覆盖度高，且枯枝落叶多，易在地表形成松软丰厚的腐殖质层，因此在拦截、吸收和积蓄天然降水方面优于其他林种。研究表明，我国水源涵养能力最强的生态系统是森林和园地，分别为39.21万米³/（千米²·年）和46.79万米³/（千米²·年），而在森林生态系统中，常绿阔叶林水源涵养能力最高。

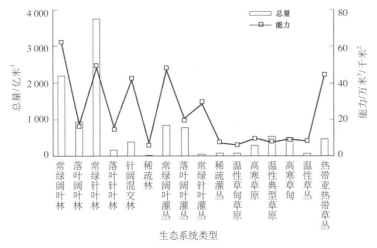

中国不同类型生态系统的水源涵养总量与能力

资料来源：龚诗涵，肖洋，郑华，等，2017. 中国生态系统水源涵养空间特征及其影响因素[J].生态学报，37（7）：2455-2462.

　　遗产地降水量丰富，森林生态系统凭借其庞大的林冠、厚层的枯枝落叶和发达的根系，将降水截留吸收，并进行重新分配，不仅有利于优良水质的维持和更新，还可以为遗产地开展农业生产和钱塘江流域中下游地区提供持续不断的水源。据统计，钱江源国家公园年均水资源总量高达24.5亿米³，是名副其实的"浙江水塔"。

遗产地森林水源涵养（顾兴国／摄）

【莲花塘】

作为钱塘江的源头，莲花尖被人揭开面纱后的容颜惊艳了世人，但又似乎始终蒙着一层神秘的迷雾，让人捉摸不透——钱塘江的水源自莲花塘，而莲花塘是莲花尖半山腰的一个巨大洼地。如果单看这个水塘，和闻名遐迩的钱塘江或许很难产生联想，但它的涓涓细流最终汇成了钱塘江，却又是一个不争的事实。据有关专家测算，莲花塘的集雨面积约为 1 千米^2 左右，源头的年降水量约为 200 万米^3，可实际从莲花塘流出的水年流量达到 400 多万米^3，这多出来 1 倍的水量从何处而来？

浙江大学环境与资源学院王深法教授认为，莲花塘所在之处于晋宁时期花岗岩侵入隆起，后在新构造运动中强烈抬升而断裂，上覆地层遭剥蚀，莲花塘成为最易侵蚀下陷之处，形成被四周山峰所包围的树枝状的侵蚀"盆地"，后积水成湖。年长日久，湖内大量泥沙淤积，水草丛生，最后演变成目前松软的亚高山草甸，这种草甸土壤涵养水分的能力极强，加上周围茂盛的树林，使塘里的水源十分丰富，就是在干旱的季节仍有很多泉水源源流出，蓄水和涵水形成一个良性的循环。这也是学界比较主流的一个看法，即钱江源所处的丘陵地带富含地下水源，这些地下水才是钱塘江的真正"源头"，而我们能看到的活跃于地表的水源，或许只是"冰山一角"。

莲花塘（顾兴国／摄）

2. 蓄水分流

　　浙江开化山泉流水养鱼系统中的流水坑塘虽小，但具有蓄水分流的功能。山泉溪水自上而下流速加快，而清水鱼养殖利用乡土石块打造的坑塘作为溪流途经的一个调节池，具有储蓄水流、缓解水患的作用。当水源丰沛的时候，流水坑塘作为山泉溪水途经的一个中转池，能将部分水截留，同时将多余的水排出塘外，起到调节水势的作用，使坑塘水体形成一个循环可持续的水系统，为清水鱼养殖提供生态无污染的水质条件。当水源短缺的时候，流水坑塘可以作为供当地人利用的蓄水池，将水资源提前储存起来，保障人们生活用水，同时维持清水鱼养殖坑塘微环境的生态稳定性。

流水坑塘蓄水分流（顾兴国／摄）

（四）对气候的调节作用

1. 调节空气温度和湿度

遗产地常绿阔叶林覆盖广泛，对空气温度和湿度的调节作用明显。常绿阔叶林枝叶空间占位大，枝叶展开，使其对林内温度、湿度等都起到封闭作用，从而林内气温和湿度变化较林外小。

相较于其他林种，遗产地常绿阔叶林在气温调节上具有降低温差的作用，当气温高时能够降温，气温低时又可以保温。据研究，在盛夏，常绿阔叶林林内平均气温较林外低2℃左右，而其他林种则降低0.4℃左右，常绿阔叶林是其他林种降温幅度的5倍左右。在冬季，常绿阔叶林林内温度较林外区域高0.1℃左右，而其他林种则相反，林内气温比林外区域要低0.2℃左右，这足以说明常绿阔叶林在保温方面的生态作用十分明显。

遗产地森林空气环境（开化县农业农村局／提供）

在空气湿度方面，常绿阔叶林由于枝叶空间占位大，枝叶呼吸作用强，再加上林下遮阴效果好，阳光透射率低，林内湿度相对稳定。因此，遗产地常绿阔叶林林内湿度常年处于相对稳定的状态，有利于林内生物繁殖，对于维持林内生态多样性和生态平衡起到积极作用。

2. 增加空气负氧离子含量

2016年，中国气象局服务中心下属的气象服务协会组织了"中国天然氧吧"创建评选委员会，经过严格的审查、复核、综合评议，浙江省开化县等9个地区中选，被授予第一批"中国天然氧吧"称号。天然氧吧评价指标分为发展规划、生态环境、旅游配套、地区特色以及所获荣誉5个方面。强制性评选标准集中在生态环境方面：其一，负氧离子高，年均和适游期月均负氧离子浓度值不低于1 000个/厘米^3；其二，气候条件优越，一年中人居环境气候舒适度达3级（感觉程度为舒适）的月份不少于3个月；其三，空气质量好，年均和适游期空气质量指数（AQI）不得大于100，全年70%以上天数空气优良。

通过实地测定，遗产地的空气负氧离子浓度极高。据空气质量实时监测数据，空气负氧离子平均含量超过3 500个/厘米^3，最高可达14.5万个/厘米^3；AQI指数平均不超过60。空气负氧离子被誉为空气维生素，对生命必不可少，于人体健康十

钱江源国家森林公园空气质量实时监测数据（顾兴国／摄）

分有利。空气负氧离子对人体7个系统的30多种疾病有抑制、缓解和辅助治疗作用。据研究，当空气负氧离子浓度达到700个/厘米³以上时，就会使人感觉空气新鲜；达到1 000个/厘米³以上时，就有保健作用；达到8 000个/厘米³以上时，可以缓解疾病。

【什么是负氧离子】

空气分子在高压或强射线（宇宙射线、紫外线、土壤和空气放射线）的作用下被电离所产生的自由电子，被氧气分子获得并结合而形成的阴离子，称为负氧离子。

负氧离子分大、中、小3种，我们平时说的负氧离子，一般指在环境中迁移率大于0.4的小粒径负离子，也称作生态极负氧离子，因为负氧离子粒径越小越稳定，在空气中存在的时间越长，从医学上讲会对人体产生有益的影响。

负氧离子被誉为空气维生素，通过人的神经系统及血液循环系统来调节身体机能，能提高免疫能力、改善心肺功能、促进新陈代谢，使人精神焕发、精力充沛、记忆力增强，利于身体健康。

PM2.5是指大气中直径小于或等于2.5微米的颗粒物，也称为可入肺颗粒物，主要来源于工业生产、汽车尾气等。研究证实，负氧离子能与细菌、灰尘、烟雾等带正电的微粒相结合，并聚成球落到地面，降低对人体健康的危害。所以说负氧离子浓度是判断空气是否清新的重要标准之一。

四　从守望相依到古韵乡愁

（一）生态文化

1. 对自然的敬畏之心

生活在山地的开化人，更懂得与自然的相处，在向自然资源索取的同时会掌握其中的度，并对索取给予相应的补偿。这种朴素的自然观在无形中对自然资源的保护起到了积极的作用。遗产地村庄里的古树、生态石碑等都昭示了历史中传承下来的人们对自然的敬畏与保护之心。

在钱江源地区绝大多数村庄的入口，常常可以看见一棵或多棵古老的大树，被称作"风水树"，一般以樟、桂、银杏、榆、松、杉等树种为主。这些树种寿命长、质地好、易生长，挺拔雄伟，枝叶茂盛，显示一种蓬勃的气派，象征着一个村的兴盛。平坑村口的古枫树、高田坑村的古樟树、仁宗坑村口的红豆杉……它们在各个村口树立了数百年，见证了村庄的形成和变迁。村民们认为硕大的古树是村庄的护佑，同时又参与着村庄的生活，成为公共活动的场所。每当村中有大事需要集体商议，便会聚集到古树下商议、裁决；平日里，偌大的树冠为村民提供了一处荫蔽的休憩场所，也是孩子们玩耍的好去处，陪伴着一辈又一辈村民的成长。

数百年前，生活在遗产地的古人就悟出了人与自然和谐相处的真谛，逐渐形成了封山育林、养水保土的传统，使生态环境与人类生存和谐贯穿在劳动生产、日常生活中，对水资源、土地、林地、河道、山体进行了有效保护。这些保护，被记录在了一块块百年古碑上，碑文上记载着严禁盗砍山林树木、禁止捕鱼、严禁挖矿等乡规民约，凝聚了一代又一代开化人的生态情结。

禁渔养生碑与禁伐养林碑（顾兴国／摄）

2. 生态保护传统活动

在开化，很多地方有"杀猪封山""杀猪禁渔"的传统，而且已经成为遗产地很多村庄村规民约的重要内容。

"杀猪封山"是村民约定在每年的某一天（春节、中秋等），由集体出钱买几头猪，然后杀了猪平分给村民们吃（每户500克左右），村民吃了这口肉，就必须遵守保护山林的规定。倘若有村民不遵守约定，上山伐木或者在山林用火引发火灾，就由违反约定的村民出全村买猪肉的钱。这个办法虽然比较原始，但是效果很好。

2005年，苏庄镇的横中村首先恢复了"杀猪封山"的村规。之所以说恢复，是因为这项规定不是新提出来的，而是在这些地方有历史传统，只不过中间有很多年没有执行。近十多年来，随着对生态保护宣传力度的增加，保护山林已经逐渐成为遗产地村民的共识。其中一些村庄将"杀猪封山"这一传统仪式发展为"封山节"。封山节当天，全村老少都要进入祠堂，由族长领着村民祭拜山神，然后宣读封山范围、封山条约。简短的封山祭祀仪式结束后，由几十甚至近百人组成的巡游队伍，一路高呼"封山喽"，行至封山碑前，揭开红布，展示封山禁约，并在山路边种树，仪式相当隆重。

封山禁约碑（开化县文广旅体局／提供）　　　村民封山巡游（开化县文广旅体局／提供）

"杀猪禁渔"则是针对河道污染、杀鱼捕鱼现象泛滥的另一村规。其中要求对某一段河道实施护鱼，任何单位和个人不得采取任何方式到护鱼河道捕捞，不能进行采砂挖砂等破坏河道自然生态的行为，违者将要被罚杀猪钱，或者杀同样多的猪，分给村民吃。2013年，长虹乡库坑村还启动了西坑敬鱼文化节，调动村民对护鱼行为的关注，提高村民的保护意识。从"禁渔"到"敬鱼"，他们把村规民约中的一种强制性规定变成人们精神上的尊敬与爱护。

敬鱼节仪式（开化县文广旅体局／提供）　　　投放鱼苗（开化县文广旅体局／提供）

【长虹乡西坑村河道保护村规民约】

西坑村因"水清、岸绿、人和、敬鱼"而充满魅力，但是还有一些不文明的行为，给我们身边的河道造成了污染。为了加强本村境内河道管理，营造生态河道，美化我们的家园，提升村民生活品位，特向广大村民发出河道保护村规民约"八不准""八倡导"，全体村民需共同遵守。

"八不准"：

1. 遵循"杀猪敬鱼"古村规，不准在河道内使用电、炸、毒和地笼网等手段捕鱼，违者按照古村规处置；

2. 不准向河道内倾倒建筑垃圾、生活垃圾、动物尸体等废弃物和污染物；

3. 不准在河道内擅自搭建各类建筑物、构筑物；

4. 不准向河道中倾倒生活污水和污物；

5. 不准砍伐沿岸林木、毛竹等护岸绿化植被；

6. 不准损毁防洪堤、堰坝等河道设施；

7. 不准在河道内采砂石、自然景观石；

8. 不准损毁河道堤防、护岸等水工程设施，以及水文、水质监测测量等设施。

"八倡导"：

1. 倡导关爱河道，从我做起，从身边做起；

2. 倡导自觉保护水环境，永保河道洁、净、美；

3. 倡导依法管理，增强治水法则观念；

4. 倡导科学治水，建设美好家园；

5. 倡导遵守水法规，自觉爱护水利设施；

6. 倡导人人保护天然河道内的鱼、虾、砂石；

7. 倡导珍爱河坡绿化，自觉维护优美环境；

8. 倡导人水和谐，争做文明村民。

苏庄镇平坑村每年插秧的时候都要举办一场名为"保苗"的仪式，这其实是当地人向野生动物发出的一种善意的提醒和警示。传说朱元璋于元末率领义军在古田山休整，平坑乡民捐军粮相助，朱元璋非常感激。当时正是五谷禾苗生长旺盛时节，庄稼不时被山上下来的狗熊、野猪糟蹋。朱元璋非常痛心，忙派士兵驱熊赶猪，并把部队的旗帜插满田畈，以起到惊吓、驱逐野兽的作用，之后乡民迎来了秋后的大丰收。平坑一带山民为纪念朱元璋义军为他们驱兽保苗的功德，每年农历六月十三，村民将三角旗插在田畈，沿山巡游驱赶野兽，以祈风调雨顺，庄稼丰收。年复一年，便成为当地的一个节日——保苗节。

　　保苗节活动内容丰富，主要分四个步骤进行：

　　一是恭请太祖。由100余人组成的巡游队伍，从关帝庙出发巡游。巡游队由两面大锣开道，花铳、鼓乐队随后。众人抬着明太祖的牌位、关公爷木雕像和佛像，后由6名村民挑着五谷一树苗：水稻苗、玉米苗、大豆苗、麦子苗、粟米苗、树木苗。在两班民乐队的伴奏下，从村关帝庙鱼贯而出，阵容庞大，极为壮观。

　　二是农坛祭苗。恭请五谷一树苗祭位，村里族长宣读祭文，村民持香火上前朝拜六苗。

　　三是护青保苗。由村里8名妇女身着民族饰装演唱保苗歌。后由村里10余名男丁，身穿棕蓑衣，手持农村中传统赶野猪的工具，跳保苗舞。一时间，震荡山谷的梆子声、村民驱赶野兽的号子声响起，营造一番当年义军和村民一起驱赶野兽的气氛，使保苗节整个活动达到高潮。

　　四是不圣归堂。巡游队伍开始绕回田畈、山林小道巡游，五彩缤纷的游行队伍沿着弯弯曲曲的小路，蜿蜒行进，展现出一道非常美丽的山村风景线。游行队伍结束巡游后，将明太祖牌位、关帝像、佛像奉送回殿。保苗节活动落下帷幕。

农坛祭苗（开化县文广旅体局／提供）　　村民跳保苗舞（开化县文广旅体局／提供）

保苗节是一种传统的稻作文化，在当前社会中，它对保护生态环境、促进和谐自然起到了极为重要的现实作用。

（二）清水鱼文化

1. 民俗习惯

千百年来，开化老百姓一直保留在门前屋后挖坑筑塘、引山泉水养鱼的习惯，形成了独具地域特色的开化清水鱼文化。过节吃鱼、来客抓鱼、女婿送鱼……这些风俗已经融入人们生活的方方面面，并在他们的日常交往中发挥了重要作用。

（1）中秋吃鱼

每到中秋佳节，村民都会吃鱼。据说吃了这天捉来的鱼，人的体质会非常强健，很有精气神，尤其以鱼头和鱼尾最有营养。捉起的鱼用稻草绳捆住脖子，取意"五谷有余"。

（2）过年吃鱼

过年也有抓条红鲤鱼过节的习俗，年夜饭时只将红鲤鱼吃一半，

剩下的等来年再吃，
意在"年年有余，日
子红红火火"。并将鱼
尾剪下贴大门边，以
鱼尾大小表示家庭富
裕程度，也象征连年
有鱼、富贵有余，传
达了人们对生活的一
种美好向往与祝愿。

过年贴鱼尾（开化县农业农村局／提供）

（3）招待贵客和送礼

每逢贵客来临，村民们都会烧鱼，这是当地待客的最高礼仪，
当地老百姓有句待客的口头禅：山坞里，没好菜，抓条活鱼把客待。
送鱼也有讲究，女婿要选家中最大的鱼送给岳父岳母。女婿送的鱼
越大，岳父岳母就越觉得有面子。

（4）吃鱼的讲究

一般为当家的男人动第一筷（如有客人在场，应先让客人动第
一筷，鱼头客人吃），之后，大家才可以动筷吃鱼。鱼头作为鱼之精
华，一般是给家中长辈吃的，因为这个部分最有营养，可以延年益
寿，这是山区农民孝道的朴实表现。

20世纪90年代初，开化的文艺人将上述关于清水鱼的民风习俗
进行了总结，还把它编成了舞蹈《人欢鱼跃》，参加了原金华地区
会演。

2. 典故传说

清水鱼养殖在当地宗谱里记载较多，其中的典故"堂开一
鉴""一亩三分地"等均有涉及，它们承载了先民在修身、治家、交

友等方面的哲学道理。高源村《汪氏宗谱》中有记载："汪氏始祖本为贵族，贵族富养精神，信奉盘古开天地，盘溪好修心。故天地间塘开一鉴，寓意家族堂开未来"，此为"堂开一鉴"的典故。

"一亩三分地"是通过养鱼来讲解修身养性和管理家务道理的典故，在《何氏宗谱》中有记载："何氏始祖圭五公原为武将，迁居原为吾氏聚集地，拜问高源汪裔家族，如何家丁兴旺？汪裔曰：开塘。何公再问，如何修为当下？汪裔曰：水清。何公三问，如何管好家务事？汪裔答曰：治田一亩三分地也。若是浯川一亩，三分治田，恭雨一分，恭鱼一分，恭友一分，三分之余数才是金山楼。于是乎，何氏秉持吾家发达要有谷雨，一避讳吾氏而称该地为浯川，二是顺势开塘聚气，建祠堂亦称恭友堂，上游之地建柴家金山楼。民谚曰：山里没好菜，抓个活鱼把客待，就此而来。"

民间故事中还有关于清水鱼与龙的传说：

据说此龙名叫玉龙，乃东海龙王第九子，因酒醉丢失项下一颗骊珠，被玉帝贬至深潭修炼。有一年大旱，6个月不雨，田地龟裂，溪涧干涸，村民纷纷至潭边，点烛焚香，求降甘霖。玉龙目睹乡亲们苦难，心如刀绞，于是，不顾自身安危，驾云直上碧霄，悄悄溜进南天门，穿银海，过金桥，东寻西找，却找不到一个地方有水。眼看时光流逝，心中越想越慌，忽闻一阵优美的仙乐顺风飘来，他抬头张望，见远处彩旗飘扬，王母高坐凤车，率众仙女离开瑶池，向修仙得道的故地王母尖，浩浩荡荡前行。见此情，玉龙灵机一动，转身急忙潜入瑶池，见四面无人，吸了一口仙水，匆匆逃出南天门，急向福岭山奔去。

谁知被奉命巡天的千里眼看见，急令天兵天将追赶拦截。玉龙边战边走，被九剑刺得鲜血淋淋。千里眼见状，知道玉龙已难支持，大声呵斥道："逆龙，你偷盗仙水，违反天条，此乃死罪，只要你将仙水送回瑶池，饶你不死。"一句话提醒玉龙，它拼死冲出重围，向

下一望已到福源，忙张
开大口将水喷出，仙水
化作漫天细雨，纷纷降
下。此雨一连下了三天
三夜方停，旱灾解除，
百姓欢呼，声震云天。
这一下惹怒了天兵天将，
一哄而上，九剑齐下，
一片片龙鳞，带着血肉
如血雨四洒。说也奇怪，

系统内供奉的鱼龙合体神像（顾兴国／摄）

鳞甲一落到龙潭、浯溪，就化成一条条活蹦乱跳的青鱼，在碧波荡
漾的清流中游来游去。从此这潭就改名叫青鱼潭。因为水是瑶池仙
水，清纯可口，就连饮这里水长大的人们，肌肤也特别洁白。

3. 节庆活动

每年的中秋时节，何田乡家家户户开塘抓鱼，而且要比比谁家
的鱼儿大、谁家的鱼儿好。这一天非常热闹，村民们舞草龙做大戏，
庆贺丰收，期盼年年有余。之后，逐渐形成"开化清水鱼文化节"。
2015年，这一节日被列入开化县非物质文化遗产名录。清水鱼文化
节活动内容十分丰富，主要包括：

祭鱼，设祭坛读祭文，由村长老率众村民祭拜鱼王；

赏鱼，请宾客到各家鱼塘去观瞻清水鱼；

评鱼，请有关专家评出当年的"鱼王"；

抓鱼，各家村民抓自养塘鱼，其他游客也可参与捕鱼活动；

品鱼，晚宴请宾客品尝清水鱼。

其中，"鱼王"评选活动最令大家期待。在这个环节中，主持

开化清水鱼文化节（开化县文广旅体局／提供）

人会按顺序逐一揭开覆盖于各村选送来的清水鱼的红绸，然后宣读各条参选鱼的解说词。评委们按鱼的个体大小、体形外观、养殖年份、历史延承、解说词5个标准，对每条鱼进行评鉴、打分。2013年，在首届开化清水鱼文化节中，何田乡禾丰村选送的清水鱼最终以全长100厘米、体重14.6千克而赢得"鱼王"的称号。

（三）饮食文化

历史上，开化因地理位置的特殊性，经历了吴越争霸、中原逐鹿、宋室南渡、明清鼎革等重大历史事件的演绎、朝代的更迭。在一次次的变迁中，不仅接纳了大批的中原移民，也接纳了大批南方移民，形成了既适应钱江源气候环境又融合各地特色的饮食文化，具有口味偏辣微咸、比浙菜辣、比徽菜味重、较湘菜清纯等特点。其中，以遗产地生态农产品为原料制作的代表性美食有开化清水鱼、开化青蛳、开化气糕、葛粉等；开化龙顶茶和开化山茶油制作技艺独特、品质出色。

1. 开化清水鱼

开化清水鱼在山泉活水中长成，鳃色红艳，无半点泥腥味，肌肉细腻而有弹性，腹部肉质上好。正因为食材优良，它的做法反而简单：在锅中加入当地菜籽油，并加热到八分热，散去油烟，入姜炸味，放入鱼，同时加入适量的黄酒和足量的山泉水；大火烧开后，用小火慢慢地滚，等到汤呈白色，再放盐和紫苏，调好味

开化清水鱼（开化县农业农村局／提供）

后一份至纯至醇的开化清水鱼就新鲜出锅了。目前，开化清水鱼已被评为开化十大特色名菜之首。

除了全身清水炖煮以外，清水鱼的不同部位可以烹制出不同菜品，现已形成清水鱼"全鱼宴"，包括香酥鱼排、鱼片火锅、香酥鱼鳞、爆炒鱼肠、冰糖炖鱼头、炊粉鱼、清汤鱼丸、凉拌鱼

清水鱼全鱼宴（开化县农业农村局／提供）

皮等12道鱼菜。其中，每道鱼菜的做法独特，味道鲜美，营养相宜，深受人们的喜爱，也是来开化必尝的美食。

2. 开化青蛳

开化青蛳又称清水螺蛳，生活在清澈见底的溪流中，对水质要求很高，一般不能进行人工养殖。青蛳因其肉质鲜嫩可口、风味独特、营养丰富，在开化县素有"盘中明珠"之美誉，2014年还登上了《舌尖上的中国2》，被推向全国。

在开化，一年四季都可以品尝到青蛳，菜市场里几乎每天都有出售。青蛳烹饪方法有清炒、酱爆、葱油焖烧等，先加入姜、葱、

蒜、紫苏、辣椒等配料，再加水，喷入少量黄酒制作而成。用紫苏调味是开化的特色，紫苏不仅起到除泥腥的作用，还能中和螺蛳的性寒。

开化青蛳（开化县农业农村局／提供）

3. 开化气糕

开化气糕制作历史悠久，早在1949年《开化县志稿·风俗·饮食》就有记载："重阳，则以米和水磨浆，蒸为气糕食之。"开化气糕的制作工艺非常讲究，对水质和环境要求也很高，必须使用

开化气糕（开化县农业农村局／提供）

开化当地的稻米和活水，据说有人曾在外地用同样的材料、工艺来制作，始终无法复制开化气糕的口味，这也成了离乡游子的一份独特的乡愁。

制作开化气糕需先挑选好糙米，用水洗净，浸泡4～5个小时，再加上适量的米酒酿磨浆。米浆磨好放入容器内，再放置到干净的环境中发酵。不同季节，气温不同，发酵时间也不一样，冬天要8个

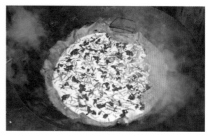

磨浆与蒸糕（开化县文广旅体局／提供）

小时左右，夏天要2～5个小时。发酵的好坏，直接决定了气糕的口感，发酵不够气糕会硬，发酵过头气糕会发酸。刚出炉的气糕呈圆饼形，晶莹剔透，洁白的表面镶嵌着豆腐干丝、小河虾、笋干、萝卜丝、猪肉等馅料，又被誉为"东方比萨"。

4. 葛粉

很早以前，开化百姓为了填饱肚子，上山采挖葛根制成葛粉，用来充饥。后来发现，葛粉具有止渴生津、清热解毒之效，现在已经成为人们的一种保健食品。

葛　粉

葛粉的制作工艺为：

去皮：挖回葛根后，用刀刮去其外层黑皮。

打碎：将葛根用榔锤敲开、敲烂。

浸泡：将打烂的葛根用葛藤捆扎起来，用木桶装水浸泡，把一根1～1.3米长的毛竹筒放在木桶中间，毛竹筒底部用刀削掉一部分，上面放水流入毛竹筒中，浸泡3天左右，浸去苦水。

洗粉：准备一大木桶，上面置一木盘，木盘底留有一小洞。木盘内放上一块搓板，将浸过的葛根取出用力搓，将葛根里的粉洗入桶中，用纱布过滤。沉淀一天一夜后，将上面的水倒掉，用木棒搅拌均匀，倒入小木桶内。再用纱布过滤一遍，沉淀一天一夜，倒出水后，用纱布装些柴灰吸干葛粉上的水分。然后取出葛粉，将葛粉底上的一层黑粉用刀削去即可。

烘干：葛粉取出后，一般用炭火烘干，烘干的葛粉呈白色，也可在太阳下晒干，即成成品。

（四）文化景观

1. 空间格局

遗产地位于钱塘江的上游，该区域内的水系像一棵倒置的参天大树：马金溪为"树干"；何田溪、池淮溪、龙山溪等支流是"树枝"；而那些散落溪边的乡土村落，就是枝头结出的累累"硕果"；村落周边还有村民沿山坡开垦的梯田、茶园以及建造的流水坑塘，它们是硕果旁的茂盛"树叶"。据考证，村落中的先民有的是随晋室、宋室南渡的北方大族，有的是从徽州迁移来的商人，有的是中原多次战乱的流民，所以遗产地融合了多种文化习俗和建筑风格。千百年来，遗产地受外界的影响比较小，较为完整的"山水－村落－农田"的古典格局被保留下来。

村落一般沿溪流而建，而农田只能建在山坡上，因此"山"和"水"的地理关系决定了整个复合景观的空间格局。根据溪流在山地中的分布情况，遗产地复合景观可以分为"坡地型"山泉流水养鱼系统复合景观和"谷地型"山泉流水养鱼系统复合景观。前者的溪

"坡地型"山泉流水养鱼系统复合景观（顾兴国／摄）

流、村落、坑塘、农田都沿山坡倾斜分布，而后者的溪流主要在山谷中，村落、坑塘和农田分布在溪流两侧的山脚下。两种景观风格不同，但都是当地人顺应自然、利用自然的结果，是人与自然和谐共存的结晶。

"谷地型"山泉流水养鱼系统复合景观（顾兴国／摄）

2. 多元遗产

遗产地多数村落背靠钱江源国家公园，或者直接位于国家公园里面，受地形和交通的限制，很多村落仍保持原有的建筑风貌和文化习俗。以长虹乡高田坑自然村为例，该村的文化景观总体上可以分为3个部分：传统民居建筑系统，"鱼塘－稻田－茶园"复合

高田坑传统村落文化景观（何梓群／绘制）

高田坑传统建筑（顾兴国／摄）

农业系统和周边的山地森林生态系统。传统民居建筑系统是高田坑中国传统村落的主体部分，"鱼塘－稻田－茶园"复合农业系统为浙江开化山泉流水养鱼系统中国重要农业文化遗产的重点内容，而周边的山地森林生态系统属于钱江源国家公园，村里还传有香火草龙、竹编等非物质文化遗产。整个村落是自然遗产与文化遗产、物质文化遗产和非物质文化遗产等多种不同类型遗产的综合体，承载了当地村民甚至开化人的乡愁记忆。

从村庄的选址来看，高田坑村充分体现了历史时期的生产和生活需求，聚族而居、精耕细作，孕育了内敛式自给自足的生活方式。面对高山峡谷的生存空间，他们根据不同的地形、土质修堤筑埂，利用"山有多高，水有多高"的自然条件，把终年不断的山泉溪涧，通过水笕沟渠引进梯田。村内传统建筑以土木结构居多，砖混构造较少，并且传统建筑分布集中，构造简约，占地面积小。民居用料多就地取材，以黄土为主要材料。墙角基础多为块石、卵石垒砌而成，正大门上部多开窗，为采光、通风所用，屋面多为两坡面，以小青瓦覆盖。建筑没有固定的朝向，同时建筑与建筑之间的联系性与独立性分明，既保留了内部空间的隐秘性，又具有相互联系的开放空间。

除了典型村落高田坑以外，遗产地历史悠久，文化底蕴深厚，历史上以山地农耕和林业为主要生计来源，在农林业生产过程中创造了极为丰富的口头文学、民间音乐、民间舞蹈、民间戏曲和民间工艺等，诸如满山唱、横中跳马灯和马金扛灯等民间演艺；作为重要的历史发生地，该区域保存了朱元璋时代的点将台和练兵场等古遗迹；位于闽、浙、皖、赣四省根据地的中心，是红色文化的根据地，保留了抗战时期根据地遗址，以及烈士墓等墓群；同时还留存了佛教寺庙等宗教与祭祀活动场所。

【高田坑清水鱼养殖】

高田坑每家每户都在靠近溪流山泉的地方，挖坑筑塘，引水养鱼。此法养出的鱼是典型的"冷水鱼"，生长缓慢、营养丰富、味道鲜美，再加上生活在山泉水中，吃的是有机草，被当地人视为珍品。只有在过年过节的时候，或是家中有贵客上门，才会在池中捞上一尾，这俨然是最高礼仪。

五

从引水造塘到复合种养

浙江开化山泉流水养鱼系统

（一）引水造塘技术

1. 坑塘位置选择

传统的流水坑塘主要分布在溪边沟旁、房前屋后或者田边路旁，其位置的选择主要受水源条件、地形条件、光照条件、植被条件以及是否方便管理等因素影响。2015年发布的《山区坑塘流水养鱼技术规范》（DB33/T 5590—2015）对坑塘的建造位置提出了明确要求："森林植被良好，常年有充沛的流水且不易受洪涝灾害影响"，涉及植被条件、水源条件和地形条件。

从人们的生产经验上来看，清水鱼养殖以流水为基础，坑塘位置选择的首要条件为常年流水，且水量充足、水质优、无污染。这导致早期的坑塘都建设在溪流旁边，而房前屋后、田边路旁的坑塘多数需要通过人工引水渠来提供水源，因此流水坑塘分布较为密集的村庄一般建有较为完善的水利系统。遗产地的水基本来自钱塘江源头，水质优良、溶解氧量高，完全符合清水鱼养殖要求的水质条件。其次，清水鱼养殖坑塘需要有充足的光照，长时间的光照能够减少鱼病的发生，且有利于塘基作物的生长。另外，优先选择植被覆盖较好的位置建设坑塘，一方面充足的植被覆盖有利于水质的净化，防止暴雨对表上的冲刷，从而影响水质，另一方面能够为清水鱼的生长提供食物。

溪流、引水渠与坑塘（顾兴国／摄）

2. 坑塘砌筑技术

传统的清水鱼养殖坑塘建造极为讲究，坑塘的形状、大小均因地制宜，有长方形、正方形或瓜子形，大小不一，适周边情况而定，主要取决于流水量与土壤结构，传统坑塘大小为10～50米²，池深1.5米，水深0.7～1米。坑塘周围用石块砌成，无斜坡，塘底用河中石块铺平，塘埂宽1米左右，便于管理操作和种植落叶的瓜果植物，有利于夏季遮阳。

现代的规模化养殖坑塘构建大多采用圆形、椭圆形，长方形、正方形等其他形状需修建弧角，面积10～100米²，水深0.6～1.2米，塘底铺砂石或者沙壤石，向底排水口略倾斜。塘埂能保水，无陡坡，用石头或水泥砌筑，顶宽大于50厘米。进出水和底部排水设施需要满足循环和单独使用，均需设置拦鱼栅（网）。塘上搭架遮阴，塘边种植爬藤类瓜果或植物，面积约占坑塘的1/3。

传统流水坑塘（顾兴国／摄）　　　现代流水坑塘（开化县农业农村局／提供）

（二）养殖管理技术

1. 鱼种选取

在早期，开化清水鱼的鱼种主要通过在长江河段或者鄱阳湖捞

取，再用特制的鱼篓将鱼
苗挑回村里放养。20世纪
60年代初期，人工繁育四
大家鱼获得成功，结束了
自古依赖捕捞天然鱼苗的
历史。60年代末期，开化
县在马金镇忻岸村建立了
鱼种场，至今仍在为全县
清水鱼养殖提供鱼苗和养
鱼技术服务。

开化县鱼种场（顾兴国／摄）

　　传统的清水鱼养殖以草鱼为主，偶搭配鳊、鲤和鲫。草鱼的规
格一般要求在15厘米以上，放养密度比较低，每平方米放养3尾左
右。现代规模化养殖的坑塘通常选择1～2龄鱼种，要求色泽鲜艳、
体表清洁、鳞片完整、无病无伤、活动力强、规格大于200克/尾，
放养的密度也远大于传统养殖，平均每平方米放养2～4千克鱼种。

2. 消毒处理

　　在放养清水鱼之前要先对鱼塘进行消毒处理，将水排干后清
除污物、杂质，暴晒数天后注水20厘米左右，每平方米用生石灰
75～150克或者漂白粉30～50克兑水全塘泼洒。放养前7天进水。
　　鱼种在放养前需用2.5%～3.0%的食盐水浸泡7～10分钟，或用
10～30毫克/升的高锰酸钾浸泡10～30分钟消毒，再放养下塘。

3. 喂养技术

　　清水鱼的饵料以青饲料为主，适当搭配少量精饲料。青饲料主

青草喂鱼（开化县农业农村局／提供）

要是山地野草或者在坑塘周边人工种植的黑麦草、苏丹草、墨西哥玉米、苦麦菜等，农民还经常投喂南瓜藤、菜叶等生活残料。投喂的青草应鲜嫩，每天投喂2次，以上午8：00—9：00、下午3：00—4：00为宜，日投喂青饲料量为鱼体重的10％～50％，以鱼吃到八分饱为宜。其他鱼类配合饲料量为鱼体重的1％～3％，根据季节、天气及摄食情况及时调整。

黑麦草，多年生植物，秆高30～90厘米，基部节上生根质软。生长快、分蘖多、能耐牧，是优质的放牧用牧草，也是禾本科牧草中可消化物质产量最高的牧草之一。黑麦草的播种在每年的10—11月，播种量为1～3千克/亩，次年2—5月可饲用。每一次收割后要进行松土、施肥，应特别注意，施肥必须在收割后2天进行，以免灼伤草茬。

苏丹草，一年生草本植物，秆较细，营养价值较高，适口性好，适于青饲，也可青贮和调制干草。苏丹草每年4—5月播种，播种量为2～3千克/亩，6—11月饲用。苏丹草需在播种前1年深翻耕，并施足底肥。一般每公顷施有机肥1 500～2 250千克，或每公顷施30％的复合肥450～600千克。苏丹草的根系强大，吸收肥料能力强，对氮、磷肥料需求量高，除播种前施足基肥外，分蘖期、拔节期以及每次刈割后，应及时灌溉施肥。

墨西哥玉米，一二年生高大草本，秆多分蘖，直立，高2～3米，质地松脆，青香可口，消化率高，可青刈后直接饲喂，也可晒干或制作青贮饲料饲喂。墨西哥玉米每年4—5月播种，播种量为

2 ～ 3千克/亩, 6—11月饲用。墨西哥玉米长至30 ～ 50厘米、分蘖达3个以上时, 应重施追肥, 以利分蘖, 加快生长速度。

苦麦菜, 一年生草本植物, 嫩叶可食, 味苦, 性寒凉, 无毒。苦麦菜每年3—4月播种, 播种量2 ～ 3千克/亩, 6—9月饲用。播前深翻细耕, 结合整地每亩地施有机肥3 000千克。立秋后, 天气凉爽, 苦麦菜生长比较旺盛, 为促其根系粗壮, 积累更多养分, 需结合灌水追一次稀大粪, 每亩1 000千克。

4. 日常管理

清水鱼的日常管理主要分为水量调节和水质控制2个方面。

水量调节频率与季节变化息息相关。南方春季气温多变, 鱼塘塘水每天交换1 ～ 3次; 夏季气温高, 塘水每天交换3 ～ 5次; 秋季相对夏季温度降低, 塘水每天交换2 ～ 3次; 冬季气温低, 且大多在此时投放鱼苗, 换水频率相对较小, 平均每1 ～ 2天交换塘水1次。

水质调控是清水鱼养殖的关键, 需经常清除塘内鱼粪及残留的饲料, 保持流水通畅, 每天要及时清除进排水口的杂物, 保持水质清新。经常检查进、排水口拦鱼栅帘是否损坏, 汛期要做好防洪工作。每天巡塘1 ～ 2次, 闷热天、雨天须增加夜间巡塘和巡塘次数, 并根据实际情况做好养殖生产、用药、销售的日常管理记录。

5. 成鱼捕捞

传统养殖的清水鱼在草鱼长到1.5千克以上、鲤0.75千克以上即可上市, 在以前清水鱼产量低、商品鱼极少时, 清水鱼主要作为过节和走亲访友用的礼品, 20世纪80年代以前, 安徽人都到开化来购买清水鱼用作定亲礼品。实现规模化养殖后，为迎合市场需求，草鱼往往在1千克以上时便可作为成鱼销售，由于销售地较远，需长距离运输，所以农户在成鱼捕捞前3天停止投喂青饲料。刚吃完青饲料的草鱼在充氧打包后容易腹胀、排便等，活鱼过于兴奋，加速氧气消耗，不利于长距离的运输，于是农户待鱼将腹内饲料消耗、粪便基本排净后再进行捕捞、打包、统一配送，有利于保证鱼的品质。

（三）鱼病防治技术

1. 鱼病防治原则

传统上，鱼病的防治按照"以防为主，无病先防，有病早治，对症下药"的原则，根据鱼病发生、发展规律，因时、因地制宜地合理运用中草药、生物防治等措施，经济、安全、有效地控制鱼病。

鱼病的预防主要是在清塘消毒和鱼种消毒的基础上对养殖水体进行消毒，首先对坑塘的进水进行处理，在雨季、暴雨后控制浑水进入，进水水质异常或串池重复使用的水体需挂袋消毒，每次每袋使用漂白粉100～150克，视水体大小确定挂袋数量，连挂3天。养殖水体消毒一般定期每月1～2次，或拉网捕捞后，每立方米水体选用标准含量的漂白粉1～1.5克或二氧化氯0.35～0.4克兑水全池泼洒。

另外，传统上还利用中草药对鱼病进行防控，在疾病流行的季节与饲料混合内服或者全池泼洒。

【中草药防治】

水菖蒲：外用，每天每立方米水体用菖蒲4～8克，捣烂，加食盐1.0～1.5克，用水浸泡12小时后全池泼洒，连续3～5天。可防治水霉病、细菌性烂鳃、肠炎、赤皮等。

水菖蒲（开化县农业农村局／提供）

辣蓼：内服，每50千克鱼每天用鲜草1.5千克或干草0.5千克，切碎煎煮后拌饲料投喂，每天1次，3～5天为一疗程。可防治细菌性烂鳃、赤皮、肠炎和寄生虫病等。

辣蓼（开化县农业农村局／提供）

地锦草：内服，每50千克鱼每天用鲜草1.25千克或干草0.25千克，煮汁后拌饲料投喂，每天1次，3天为一疗程。可防治细菌性肠炎，兼治烂鳃、赤皮等。

地锦草（开化县农业农村局／提供）

马尾松：外用，每立方米水体用鲜枝叶30克捣烂兑水全池泼洒，或扎成数捆，放池中；内服，每50千克鱼每天用捣烂的鲜枝叶0.5千克，加食盐0.1千克拌饲料投喂，每天1次，连续5～6天。可防治寄生虫病，兼治细菌性肠炎、烂鳃等病。

马尾松（开化县农业农村局／提供）

大蒜：内服，每50千克鱼每天用1～3千克，捣碎加0.5千克食盐拌饲料投喂，连续3～6天。可防治细菌性肠炎，兼治烂鳃、赤皮等病。

大蒜（开化县农业农村局／提供）

苦楝：外用，每平方米水体用树皮、枝叶、根皮45～50克，水煮后全池泼洒。可防治寄生虫病，兼治细菌性烂鳃、肠炎等病。

苦楝（开化县农业农村局／提供）

2. 鱼病防治措施

传统的清水鱼养殖由于密度小，病害产生的主要原因是鱼苗运输过程中产生损伤、养殖过程中饲料残渣未及时清理及水体污染，常见的鱼病种类有水霉病、赤皮病、肠炎病、烂鳃病等，以中草药防治为主。近年来规模化养殖形成后小瓜虫病的危害逐渐扩大。清水鱼主要的病症及防治措施如下：

水霉病（开化县农业农村局/提供）

（1）水霉病

症状：体表长有灰白色棉絮状物，似灰白色棉花。2—6月流行。

防治：方法一，每天每立方米水体用五倍子末0.3克，兑水全池泼洒，连续3天；或每千克鱼用五倍子末0.1克，拌饲料投喂，连续5～7天。方法二，每天每立方米水体用水杨酸0.05～0.1毫升兑水全池泼洒，连续2～3天。方法三，每立方米水体用菖蒲汁3.5～7.5克加食盐0.5～1.5克，全塘泼洒。方法四，用苦参煎汁，全池泼洒，每立方米水体用药1.0～1.5克，隔天重复1次，3次为1个疗程。

赤皮病（开化县农业农村局/提供）

（2）赤皮病

症状：体表局部出血、发炎，病灶处的鳞片脱落成一块块红斑，鳍基部充血，末端腐烂。5—9月流行。

防治：方法一，用漂白粉0.5%全池泼洒，外用消毒1～2次。方法二，将五倍子粉碎煮汁全池泼洒，用量100克/米^3，连用2天。方法三，每天在每千克饲料中混入三黄粉10克或标准含量的恩诺沙星2～4克，拌饲料投喂，连续3～6天。

（3）小瓜虫病

症状：病鱼体表布满白色的小点，同时伴有大量的黏液，病情严重时表皮糜烂。3—7月流行。

防治：方法一，每天按每立方米水体用生姜1～2.6克，捣烂加0.8～1.2克辣椒粉，水煮沸30

小瓜虫病（开化县农业农村局／提供）

分钟后，连渣带汁全塘泼洒，连续3～4天。方法二，每天每立方米水体以0.4克的青蒿末用水浸泡后全池泼洒，连续3～4天，或每千克饲料用青蒿末3～4克，加60℃水浸泡30分钟后拌饲料投喂，连续5～7天。方法三，每立方米水体用10～30克生石灰，化浆后全池泼洒，提高水体pH至7.5～8.5。方法四，3—10月每月一次连续7～10天增加维生素类药物拌饲料投喂，增强鱼的抵抗力。

（4）肠炎病

症状：腹部膨大，鳞片易脱落，肛门和整条肠管充血红肿，肠腔中含大量黄色黏液，肠易拉断。5—9月流行。

防治：方法一，外用漂白粉1克/米³全塘泼洒消毒1～2次，另外在饲料中加10%捣碎的大蒜，做成药饵投喂，连喂3～5天。方法二，每天用大蒜素拌饲料投喂，用量按每千克饲料添加4～6克为宜，连续喂养3天。

（5）烂鳃病

症状：病鱼体色发黑，呼吸困难，鳃部黏液增多，鳃丝肿胀，严重时鳃丝软骨外露，鳃盖内表皮腐烂后形成"开天窗"。5—9月流行。

防治：方法一，连续3～5天内服抗生素（按赤皮病防治内服）。方法二，苦楝、辣蓼或马尾松按中草药防治用法用量处理。方法三，用紫苏0.1～0.2千克煎汁拌料投喂，连续投喂3～6天。

（四）复合种养体系

除流水坑塘养鱼以外，浙江开化山泉流水养鱼系统还与流水坑塘周边的草类、农作物等种植活动密切相关，是一种较为典型的基塘农业系统。基面可以种植青草、水稻、蔬菜等，单一的作物生长具有明显的季节性，而多种作物的交错种植不仅能够充分利用光照、土地等自然资源，而且可以为坑塘养鱼持续提供青饲料。坑塘内养殖的鱼种有草鱼、鲤、鲫等，其中草鱼生活在水体上层，以草类、稻秆、菜叶、瓜藤等为食，食用后形成的残渣以及排泄的粪便，可成为生活在水体中下层的鲤、鲫等的食物。各类鱼吃剩的残渣和排泄的粪便落入塘底，与淤泥融合一起在年底会被清理上来，又能为基面农作物或青草提供肥力，最终形成循环型的复合种养体系。

在这一复合种养体系中，生物之间的搭配至关重要，它不仅影响生态循环结构的延续，而且是系统能否高产的基础。物种搭配上，

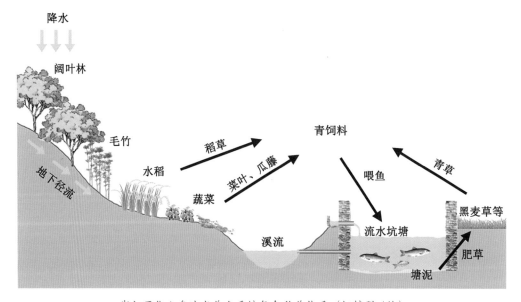

浙江开化山泉流水养鱼系统复合种养体系（何梓群／绘）

清水鱼的生长期在每年的3—11月，而黑麦草的饲用期为2—5月，苏丹草、墨西哥玉米等的饲用期为6—11月，能够保障草料的连续供给。另外，水稻的收获期为9—11月，苦麦菜、南瓜、黄瓜、辣椒等的成熟期在6—11月，它们的叶、茎、藤等能为清水鱼生长提供更为丰富多样的青饲料。

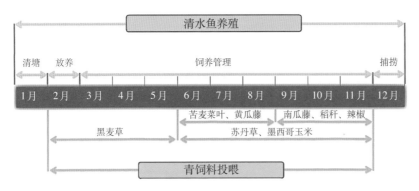

基面种植与坑塘养殖的时间搭配关系（何梓群／绘）

数量搭配上，流水坑塘的建造受山区地形和泉水流量的限制较大，因而一般面积较小且分散；塘内以草食性鱼类为主，搭配杂食性鱼类，而周边相对广阔的种植空间能够为鱼塘提供充足的饲料。生态系统中贮存于有机物中的化学能在"草类/农作物－草食性鱼－杂食性鱼"中层层传导，它们在数量上表现出较为明显的金字塔关系。

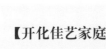

【开化佳艺家庭农场——清水鱼主题休闲农业综合体】

开化佳艺家庭农场位于长虹乡星河村，以养殖开化清水鱼为主，是开化县首批成立的家庭农场，现为农业农村部水产健康养殖示范场、省级示范性家庭农场、省级示范性家庭渔场、省科技示范户、省农村科技示范基地、省美丽牧场、省高品质绿色示范基地。目前，农场养殖的清水鱼产品已通过有机食品认证和无公害认证，还发展其他产业，形成了以清水鱼养殖为基础，包括中蜂养殖、果蔬种植、家禽养殖、稻米种植、药材种植、餐饮住宿、休闲观光的"1＋7"经营模式。其中，清水鱼养殖与果蔬种植、稻米种植、中蜂养殖等联系密切，形成了较为典型的基塘立体种养体系。农场的主要农产品有开化清水鱼、清水鱼干、酒糟鱼、土蜂蜜、土鸡鸭、百合、山茶油、生态大米等。

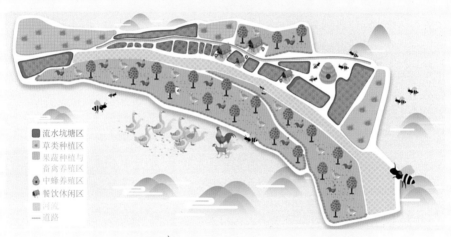

佳艺家庭农场生产布局图（长虹乡佳艺家庭农场／提供）

六

未来的保护与发展之路

（一）保护价值与发展机遇

1. 遗产的多重价值

浙江开化山泉流水养鱼系统根植于悠久的文化传统和长期的实践经验，至今仍发挥着重要作用，不仅保障了农民生计，也促进了生态保护、文化传承和社会和谐，具有多方面的功能和利用价值。

（1）经济价值

在长期生产实践中，开化山泉流水养鱼系统内的农民在不破坏自然生态环境的基础上，发展山区特色生态农业，形成以清水鱼、龙顶茶、山茶油、中蜂蜜、生态米为主的系列特色农产品，成为当地农民的重要食物来源和主要经济来源。2019年，开化县清水鱼总产量2 200吨，总产值达2.3亿元（含一二三产业）。

浙江开化山泉流水养鱼系统内的自然景观优越、文化资源丰厚，极具发展休闲农业的功能。自然景观以钱江源国家森林公园、古田山国家级自然保护区为代表，拥有山地、森林、河流、野生动植物

何田乡鱼香小镇（何田乡人民政府／提供）

等多种不同形式的生态资源。遗产地内以江南派系的徽式建筑为主，霞山古村落、高田坑自然村等村落被评为中国传统村落、古建筑村落。这些丰富的自然、人文资源为打造以清水鱼为主题的休闲农业提供了基础，目前开化县已打造了8个"特色渔村"，将乡村休闲旅游与清水鱼文化融为一体，开发了一系列旅游项目，市场前景广阔。

(2) 生态价值

浙江开化山泉流水养鱼系统是由植物、动物和微生物群落以及其他非生物环境共同构成的动态综合体，通过内部各部分之间及生态系统与周围环境之间的物质和能量的交换维持系统和环境的动态平衡，且在蓄水调水、水源涵养和生物多样性保护等方面起着重要作用，使该系统的生态环境得以长期维持和稳定。

遗产地土壤条件以花岗岩为主，外围含砾粉砂岩及紫红色细砂岩，分布有红壤、黄壤、水稻土、沼泽土4个土类，有利于储存水分。系统范围内有丰富的森林资源，以常绿阔叶林的植被类型为主，凭借其庞大的林冠、厚层的枯枝落叶和发达的根系起到良好的涵养水源和净化水质的作用，为清水鱼养殖提供可持续的水源。另外，流水坑塘作为溪流途经的一个调节池，具有储蓄水流、缓解水患的作用。

(3) 文化价值

开化县保留了全国最多的养殖清水鱼的古坑塘，是山泉流水养鱼模式的发源地之一。千百年来，当地老百姓一直保留在门前屋后挖坑筑塘、引山泉水养鱼的习惯，形成了独具地域特色的清水鱼文化。过节吃鱼、来客抓鱼、女婿送鱼等文化习俗已经融入人们生活的方方面面，并在人际关系维系中发挥了重要作用。在开化乡村宗谱中有许多关于山泉流水养鱼的典故，例如高源修心、盘谷堂开、何家问道、恭友堂来等，承载了先民在修身、治家、交友等方面的哲学道理。可以说，山泉流水养鱼不仅是当地人维持生计的手段，也是其文化传承的重要纽带。2016年，何田乡以清水鱼为主题建设了鱼文化博物馆，在挖掘何田清水鱼的历史文化、研究清水鱼的营养价值、制定清水鱼养鱼标准等基础上，整理出一套完整的清水鱼文化体系，为新时代传承开化农耕文化提供了有力支撑。

何田鱼文化博物馆（何梓群／摄）

（4）科研价值

浙江开化山泉流水养鱼系统既是一个复合农业生产系统，也是国内具有典型代表性的生态系统。遗产地内的钱江源国家公园在自然资源代表性、生态系统完整性、生物多样性、动植物稀有性等方面都具有重要的科学和保护价值。而在以清水鱼养殖为主的复合农业系统中，容易出现一些病害，尤其是小瓜虫病，近年来给开化清水鱼产业造成较大经济损失，成为产业发展的一个重要瓶颈。2018年，开化县引进上海海洋大学、浙江省淡水水产研究所、浙江师范大学等单位的专家，建立清水鱼专家团队，研究系统稳定性和重大

开化－浙江大学教授工作站授牌

病害预防与早期治疗、不同模式养殖营养比较等关键性课题。同年，开化县引进浙江大学农学院吴殿星教授团队，并在遗产地何田乡高升村建立了浙江大学教授工作站，开展以坑塘清水鱼为核心的高山生态养种模式试验与研究，以助力高山有机稻、清水鱼、高山蔬菜等生态产业的发展。

(5) 教育价值

浙江开化山泉流水养鱼系统是"天人合一"的生态伦理思想的结晶，"敬重自然、遵循自然规律"是其核心，具有较高的文化教育价值，对生态文明建设和民族自豪感的提升具有重要意义。位于浙江开化山泉流水养鱼系统农业文化遗产核心保护区的长虹乡北源村，是北宋时期浙江历史上第一位状元、中国科举史上最年轻的状元之一程宿的故乡，被称为"状元故里"。何田乡是开化的县学之乡，全乡1.2

少年状元程宿石像（顾兴国／摄）

万余人口现有22名博士，被誉为"博士之乡"，这在很大程度上得益于当地村民对知识改变命运的价值坚守与文化传承，也蕴含着对清水鱼营养增智和鱼文化传承的普遍认知。在许多农民对知识改变命运缺乏价值认同的时代背景下，"博士之乡"的逆袭，打破了寒门难出贵子的刻板印象，形成一种强大的示范效应，并因此形成一种"重教育－兴文化－出人才"的良性循环。

2. 当下的发展机遇

(1) 传统农耕文化受重视程度不断提升

传统的农耕文化是我国农业的宝贵财富，是中华文化的重要组成部分。自2013年启动"中国重要农业文化遗产"评审工作以来，先后颁布了一系列重要农业文化遗产，2015年中央1号文件、《国务院办公厅关于加快转变农业发展方式的意见》及《国务院办公厅关于进一步促进旅游投资和消费的若干意见》等文件都要求开发农业文化传承等多种功能，农业部门越来越重视农业文化遗产的申报工作。实施"浙江开化山泉流水养鱼系统"保护与发展工作，是贯彻落实党中央、国务院决策部署，贯彻十九大精神，积极探索推进乡村振兴战略，推进传统文化传承与建设的重要战略机遇。

(2) 人们对优质农产品的需求日益扩大

随着生活水平的提高，百姓对环境保护、食品安全的关注不断提高，当前国内食品安全形势严峻，促使人们选择安全、无污染的无公害产品、绿色产品、有机产品等，并更加重视食物生产的源头控制。开化清水鱼的传统养殖系统依托当地生态优势，充分利用流水坑塘养鱼，以青草喂养，用中草药防治，生产出的产品安全、健康，通过有机、绿色、无公害认证，较好地满足了人们对安全食品的需求和饮食结构的调整。

(3) 钱江源国家公园体制试点区建设

2016年6月，钱江源国家公园体制试点正式获批，成为全国首批10个、"长三角"发达地区唯一的国家公园体制试点区。试点区由古田山国家级自然保护区、钱江源国家森林公园、钱江源省级风景名胜区以及连接上述自然保护地的生态区域整合而成，总面积252千米²，涉及苏庄、长虹、何田、齐溪4个乡镇和1个国有林场，通过国家公园体制建设实现重要自然生态系统保育修复、生态保护和可持续发展互促共赢的新模式。浙江开化山泉流水养鱼系统农业文化遗产核心保护区与试点区基本重合，试点区的生态保护工作有利于推进农业文化遗产系统的保护和可持续发展。

（4）乡村振兴战略带来发展的新契机

党的十九大报告指出，农业农村农民问题是关系国计民生的根本性问题，必须始终把解决好"三农"问题作为全党工作的重中之重，实施乡村振兴战略。浙江开化山泉流水养鱼系统所生产的农产品特色鲜明，市场效益好，能够有效带动当地经济发展，清水养殖理念符合产业生态可持续发展理念，具有良好的经济效益和可持续发展的潜力，符合"生产发展""生活富裕"的要求，所体现的生态文明思想则是"乡风文明"的重要组成部分。2018年中央1号文件明确指出，切实保护好优秀农耕文化遗产，推动优秀农耕文化遗产合理适度利用，这对浙江开化山泉流水养鱼系统的保护与发展提供了有力的政策依据。

（二）面临的问题及挑战

1.存在的问题

（1）季节性供需矛盾突出

在传统的清水鱼养殖中，居民通常于12月或者次年3月之前在鱼塘中放养鱼苗，由于清水养鱼的特性，清水鱼的生长较为缓慢，通常为保证其品质至少在养殖池中养殖9个月（开化清水鱼养殖标准要求养殖周期为1年以上）方可上市，传统农户养殖清水鱼4年以上方才在中秋前后捕鱼为食，养鱼周期长。目前，城市消费群体对清水鱼的需求与日俱增，市场前景广阔，消费者渴求能够在城市中全年享受开化清水鱼的美味，但清水鱼的生产产量未能满足其全年供应需求，每年的5—10月均会遭遇清水鱼青黄不接的尴尬局面，清水鱼的季节性与市场需求的持续性难题仍急需解决。

（2）推广发展空间受限

开化地处山区，地形以"九山半水半分田"为特征，受地域条件限制，难以扩大发展。

（3）生产组织化程度偏低

开化清水鱼传统养殖点多、面广、零星分散，大多坑塘处于边远源头山区。养殖农户技术水平和综合素质参差不齐，缺乏长远眼光和敢闯的气魄，难以组建起强有力的合作组织实现抱团发展。全县清水鱼专业合作社、家庭农场、企业30个，但大多处于发展初期，技术水平不够高、管理能力不够强、经营方式不够新，自身实力和带动力还不强。企业、专业合作社与农户之间没有形成利益共同体，处于自产自销松散状态，一般养殖农户在技术和销售上凭经验养鱼销售，出塘规格、时间和市场要求有待匹配，新技术、新品种较难推广。

2. 面临的挑战

（1）劳动力老龄化和外流问题突出

目前，开化县内清水鱼的养殖范围已从原先的何田、长虹、苏庄等4个乡镇的220亩2 000口塘，发展到全县范围的2 000亩10 100余口坑塘，从业农民6 200户。养殖规模剧增但从事清水鱼生产的人员绝大多数为留守农村的中老年人，劳动力老龄化问题较为突出，部分老鱼塘因无人管理或者环境破坏等问题出现荒废或破败现象，对于整体的保护发展和视觉景观上存在着不利因素。青壮年人员回乡创业或者从事传统清水鱼养殖的少之又少，农村人口外流问题严重。以市场需求为导向，清水鱼产业规模进一步扩展，现有农村劳动力可能无法满足生产需求。

(2) 农产品品牌保护面临挑战

目前，市场上没有针对开化清水鱼真假鉴定的统一标准和规范，导致饲料喂养的草鱼、过水的洗澡清水鱼和正宗的年份清水鱼真假难辨。利益驱使下，个别农户以次充好，或者农户在供应过程中提供洗澡鱼，使商家品牌受损，停止与农户合作。农户及商家的诚信问题，以及清水鱼的市场监管检测力度弱，增加了开化清水鱼品牌的保护难度。长此以往，会造成消费者认识模糊，对浙江开化山泉流水养鱼系统的保护和发展极为不利。

(3) 病虫、洪旱等灾害风险较大

目前，清水鱼养殖主要面临两大风险。一是遇到特大洪旱灾害时，防范困难，损失大。受季风气候的不稳定性和山体的影响，开化的山区性河流每年都有区域性的山洪发生，例如2017年的"6·24"洪水，遗产地各乡镇都损失较大，政策性农业保险试点已启动，保障范围还不够广。二是时有病害发生。从业人员整体技术水平不高，县乡两级渔技员队伍缺少，存在着"小牛拉大车"状况。农村实用人才培育不够，在生产指导、鱼病防治及保护管理工作的现场技术指导方面难以到位。以上原因导致遗产地清水鱼养殖的防范病虫害能力不够，特别是对小瓜虫等病害还缺乏有效的应对方法。

（三）保护与发展路径

1. 农业生态保护

(1) 保护目标

①持续推进遗产地内山水田林河的进一步整治，实现重要自然

生态系统保育修复和生态保护；②妥善保护遗产地及周边地区农作物品种资源、水产资源和野生生物资源，保证遗产系统保护区森林覆盖率和生物多样性不减少；③实现生活垃圾减量化、资源化和无害化，生态农业技术普及率达到90%以上，源头水及溪塘全部达到《地表水环境质量标准》Ⅰ类水的要求。

（2）保护内容

一是保护生物多样性，包括遗产地的农业生物物种多样性、野生动植物物种多样性和生态系统多样性，重点关注遗产地的濒危物种和稀有物种。二是保护遗产系统内的森林资源，其涵养水源的功能有利于优良水质的维持和更新，为清水鱼养殖提供可持续的水源。三是保护水资源与水环境，禁止使用带毒农资，严格按照安全质量标准进行清水鱼养殖，减少面源污染对水环境的破坏。四是保护遗产系统的生态系统结构，稳定的生态系统结构是维持遗产系统可持续发展的重要因素，当地独特的生态系统结构推动了遗产地"山、林、田、溪、塘、舍"系统的提升。

（3）保护措施与行动计划

①农业生物多样性保护。保护现有的森林植被，对退化的森林植被进行恢复，并对人工林进行自然化改造；对部分林木进行抚育伐或卫生伐；对生态功能低下的疏林、残次林和低效林有计划地实施改造；引导培育阔叶林后备资源，为生物多样性维持和开化清水鱼产业发展创造良好的环境。开展清水鱼养殖原生环境保护，保持饲料种植及鱼、虾、螺蛳等水产养殖品种资源的多样性，主推病虫害的生物防治；建立清水鱼养殖动态评价和预警体系，严

何田乡古鱼王之家（顾兴国／摄）

格按照安全质量标准进行清水鱼养殖；通过签订古鱼保护协议，保护古鱼品种资源，为清水鱼研发、生产提供遗传性状稳定的优质种源。

②农业生态环境保护。建设远程全天候监控的水环境监测平台，设置保护水资源和防止水污染突发事件应急的专门机构和专业人员。建立遗产地农业面源污染、生活污染监测网络，整治污染，形成定期监测机制，保障遗产地农产品质量安全。对农村垃圾进行集中处理，做到"收集分类化、垃圾袋装化、运输密闭化、处理无害化"，加大对生态型堤防、水坝等水利基础设施的建设，提高抗灾能力，美化环境。

③生态农业技术保护与发展。保护传统的清水鱼养殖坑塘，有计划地恢复传统养殖品种与传统养殖方法，提升传统的清水鱼病虫害中草药防治技术。通过签订古鱼保护协议，保护何田、长虹、中村等传统养殖区的古鱼养殖，并减少人工干预，喂食饲料以新鲜的青饲料为主，保证清水鱼生态产品质量。挖掘和研究清水鱼养殖传统生态农业技术，在遗产地进行生态农业技术示范和推广，减少农业生产对资源、环境的压力。

新鲜青饲料喂鱼（顾兴国／摄）

2. 农业文化保护

（1）保护目标

①开化山泉流水养鱼系统所涉及的传统鱼文化、养鱼技艺、节庆活动、饮食文化、民间艺术等得到有效的保护和传承。

②加强传统鱼文化、茶文化等宣传力度，推动农业文化遗产品牌建设。

③鼓励对传统农耕文化的创新和开发，突出文化建设，提升农产品品牌影响力和市场价值。

（2）保护内容

物质文化遗产包括与浙江开化山泉流水养鱼系统紧密结合的古村落、古鱼塘、遗址、文物保护单位、古树、古建筑、用于清水鱼生产的工具、与清水鱼相关的艺术品等。

非物质文化遗产包括开化传统清水鱼养殖技艺，传统养鱼坑塘构建技艺，清水鱼相关的农耕文化、民俗节庆、民间艺术、礼仪文化、饮食习惯等。

（3）保护措施与行动计划

①农耕文化的挖掘与保护。深入开展浙江开化山泉流水养鱼系统农耕文化继承、发展、流失情况的普查，详细统计遗产范围内各种相关古建筑、构筑物、古坑塘等，进一步挖掘相关的民间技艺、习俗、谚语、诗词、歌谣等，统一建立文字档案。对与开化山

遗产地内的古民居（顾兴国／摄）

泉流水养鱼系统相关的古村落、古建筑、坑塘等进行修缮和保护，针对开化传统清水鱼养殖技艺、民间习俗、谚语、诗词、歌谣等非物质文化遗产，组织申报市级、省级、国家级非物质文化遗产。

②农耕文化的整理与宣传。系统整理浙江开化山泉流水养鱼系统农耕文化，建设开化清水鱼博物馆，向人们讲述清水鱼相关历史典故、文化习俗，并集中展示传统清水鱼养殖技艺等。适时修订《开化清水鱼养殖技术规范》县地方标准，结合清水鱼文化、民俗文化、历史典故、礼仪文化、传统工艺、地方戏曲等，出版一系列宣

传浙江开化山泉流水养鱼系统的书籍，全方位地向外界展现清水鱼文化的魅力，扩大系统内产品知名度。

何田乡鱼文化历史分布图（何田乡人民政府／提供）

3. 农业景观保护

（1）保护目标

①遗产地内渔业景观进一步丰富，以坑塘为核心的景观资源得到全面保护。

②遗产地范围内的森林景观、溪流景观、特色梯田景观、古村落景观等乡村旅游资源85%以上得到有效保护。

③遗产地农村生活垃圾无害化处理率达到95%以上，民居风貌整洁美观，充分体现地方文化特色。

④形成有效的农业农村景观保护与管理机制，遗产地居民对乡村景观的价值有深入的认识。

（2）保护内容

遗产地范围内的鱼塘景观、农田景观、茶园景观、森林景观、村落景观及农村环境等。重点保护的是遗产地在不同季节不同地域范围内形成的形态各异的自然景观、遗产地范围内具有旅游价值的农林复合景观、具有地方特色的村落景观及农村生活环境和农业生产环境。

（3）保护措施与行动计划

①农业景观系统的保护与提升。对由流水坑塘、溪流、森林、茶园、梯田等构成的复合农业景观系统进行整体规划和保护，突出农业生态系统结构的典型性和稳定性。积极保护系统内自然生态演替过程，保存其原生结构和次生结构，严禁在水源涵养地进行伐木、开垦等开发利用活动。鼓励引导有条件的村民按照"人与自然和谐发展"的生态理念，利用溪流山泉等自然资源，在房前屋后、田间地头，挖坑筑塘养鱼，保护和恢复荒废的坑塘，并通过不破坏原真性的方式进行景观提升。对茶园、梯田进行景观化整理，净化和美化溪流生态廊道。

遗产地农业景观（顾兴国／摄）

②渔业资源环境的保护与提升。全面禁止施肥养鱼、饮用水水源地和开放性水域投饵养殖，严格控制水库网箱规模和调整网箱养殖品种，不断改善和保护生态环境。落实和不断规范渔业生产"三项纪录"制度，加大执法力度，严厉整治乱用药物、施肥养鱼、尾水直排等行为，开展主要渔业水域环境监测和评价，不断改善水域

环境质量。组织遗产地鱼类资源普查，并选择性地加大增殖放流力度，做到洁水性、适应性、效益性兼顾。

③农村景观及环境保护与提升。对山泉流水鱼塘周边的沿溪两岸、房前屋后进行全面整理，逐步建设完善古村落的各种基础设施。维护村落整体风格，重点是保持和恢复与坑塘流水养鱼景观相协调的村落景观，通过鱼文化广场等形式展示清水鱼文化。拆除核心保护区内不可利用的闲置破房和违规建设房屋，保持民居风貌与地方文化协调，体现地域特色。加大对遗产地村庄生活垃圾的有效管理，建设"户集→村收→乡镇中转→县统一处理"的垃圾处理网络，合理设置环保垃圾桶的位置及数量，重点解决生活污水排放以及改厕等工作。

遗产地农村景观（开化县文化和广电旅游体育局／提供）

4. 生态产品开发

（1）发展目标

①优化产业布局，大力发展清水鱼养殖及其他当地特色农业产业。

②重点打造传统的"家庭式"农场以及具有相对集中连片式养殖的示范基地，扶持带动力强、运营规范的家庭农场。

③培育3～5个具有省级以上影响力的农业品牌，使当地农产品的市场竞争力和美誉度显著提高。

（2）发展内容

包括农业产业发展布局、经营组织模式优化及创新、产业融合发展和品牌建设、社会化服务体系建设等。

（3）发展措施与行动计划

①生态产品开发布局。结合当地资源条件和相关规划要求，将农业文化遗产保护区划分为生态涵养区、传统养殖区、现代养殖区、特色种植区和综合发展区。各分区的区域范围和功能定位见表8。

表8 遗产地生态产品开发功能分区

分区名称	区域范围	功能定位
生态涵养区	齐溪镇的齐溪、龙门、丰盈坦、左溪、江源、仁宗坑、上村、大龙、里秧田、岭里，何田乡的龙坑、田畈、陆联，以及苏庄镇的古田、横中、余村、溪西、毛坦、唐头，共19个村庄	根据对钱江源国家公园体制试点区中核心保护区和生态保育区的保护利用要求，以保育森林资源、恢复生态环境、保存文化遗迹为主，为科学研究、环境教育、生态旅游等活动提供空间
传统养殖区	何田乡的禾丰、卫枫、丘畈、长池、高升、晴村、柴家，长虹乡的库坑、真子坑、霞川，以及中村乡的西畈，共11个村庄	对传统山泉流水养鱼模式进行恢复和保护，适度发展"庭院式"传统养殖模式，挖掘和开发鱼文化，培育渔旅产业融合项目
现代养殖区	长虹乡的芳村、桃源、田坑、十里川、星河、北源、虹桥，以及中村乡的张村、茅岗、树范、中村、坑口、光明、新门、曹门，共15个村庄	因地制宜开发特色生态渔业，建设清水鱼特色现代化园区，发展石斑鱼、小龙虾、鲟、娃娃鱼等特色水产品养殖
特色种植区	苏庄镇的苏庄、富户、茗富、高坑、方坡，共5个村庄	扩大油茶和龙顶茶种植面积，建设"两茶"基地；发展灵芝、桑黄等珍稀食药用菌，探索培育林下中药材种植
综合发展区	马金镇的上街、下街、排田、界田、杨和、荆塘、建群、姚家源、星田、徐塘、杏枫、秧畈、高合、花园、金溪、瑶坑、高坪、霞山、举林、岩潭、高岭、麻坞、石柱、龙村、霞田、石川、塘口、团结、和平、正大、洪田、洪村、西庄、大堑、富川、山底，共36个村	通过生态化、规模化的发展建设特色水产种苗生产基地，为遗产地水产养殖提供高品质种苗；以特色优势农业产业为基础建设特色农产品交易市场和集散中心

②生态产品开发与挖掘。充分利用遗产地丰富的水资源条件，以传统的"家庭式"养殖模式为主，在有条件的区域打造相对集中连片的养殖坑塘，适度经营。同时，加强农户技术支持与监督，保

开化清水鱼示范基地（开化县农业农村局／提供）

障产品质量。优化布局龙顶茶、油茶、中药材等特色种植，发展石斑鱼、小龙虾等特色水产养殖，适度发展龙顶茶、山茶油等特色农副产品深加工产业，大力支持农林技术部门及企业探索先进经验、引进先进技术，拓展更多具有开化特色的深加工农副产品。

③经营模式与品牌建设。重点培育地方龙头企业发展，以点带面，示范推广，形成"公司＋合作社＋基地"等模式。探索建立"产供销一体化"的物联网平台，实行包装规格化、产品品牌化、配送统一化，推广"清水鱼养殖基地＋电商平台＋城市终端配送"等营销模式。引导企业做好开化清水鱼品牌以及其他重要农副产品的宣传工作；积极谋划契合开化清水鱼产品整体形象的宣传口号；制作农业文化遗产地特色农产品系列短视频、宣传片，充分发挥互联网、自媒体优势，全方位宣传、立体化营销，扩大品牌知名度。

④社会化服务体系建设。切实加强初级水产品质量安全监管，严格落实属地监管责任，强化源头管理，将规模以上渔业生产主体全部纳入数据库并及时做好系统的正常维护。建设产地环境、鱼种放养、投入品使用、成鱼销售、餐饮体验的全程可视平台，并将所有规模化养殖主体、由散户组建的合作社或者村集体逐步纳入平台监管，实现清水鱼养殖全程可追溯。与省内外院校、科研院所联合，提高清水鱼产业研究技术水平，加强对清水鱼养殖的水体、环境、病虫害等监控技术的研究，建立有效的防控应急机制，降低清水鱼养殖风险。

5. 休闲农业发展

(1) 发展目标

①优化遗产地休闲农业发展格局，将遗产地建成富于文化溯源、民俗风情与田园生活体验的农业文化旅游地；②建设山泉流水养鱼示范基地，进一步提升何田乡"鱼香小镇"品质，完成齐溪水库休闲渔业基地建设；③打造以开化清水鱼为核心的农业文化遗产地旅游品牌，形成以清水鱼为主题的农家乐休闲旅游特色产业，带动遗产地乡村第三产业蓬勃发展。

(2) 发展内容

包括遗产地旅游路线设计、旅游产品开发及品牌建设、休闲农业产品开发及管理和服务体系建设、基础设施与条件建设等。

(3) 发展措施与行动计划

①遗产地休闲农业发展。依托系统内钟灵毓秀的山水环境、神秘而悠久的山泉流水养鱼文化、现存的传统历史文化村落和构筑物、现代生产方式下的农业景观等特色旅游资源，重点打造高源一号"百年古宅"—何田鱼文化博物馆—淇源头清水鱼古法养殖坑塘群—福岭山红色旅游区、钱江源国家森林公园—九溪龙门—霞山古村落、"状元故里"北源村—"江南布达拉宫"台回山—钱王祖墓—高田坑古村落、古田山国家级自然保护区—西畈村清水鱼古法养殖坑塘群/叶长庚将军墓园4条农业文化遗产精品旅游路线，满足游客吃、住、行、游、购、娱等需求。

②旅游产品开发及品牌建设。在茶、竹、鱼、蔬四大具有地方特色的产业基础上，开发清水鱼老坑塘生产观光、清水鱼系列菜品品尝、有机食品购物、乡土文化娱乐等休闲农业旅游产品。积极引导符合条件的农户利用农业与生活资源，大力发展以"吃农家饭、住农家院、摘农家果、钓农家鱼"为主要内容的农家乐。以休闲度

假和参与体验为核心，拓展多元功能，发展功能齐全、环境友好、文化浓郁的休闲农庄。以千年山泉流水养鱼景观和悠久的鱼文化为依托和载体，结合系统范围内的茶文化、养生文化、红色文化等资源，着力打造1～2个农业文化遗产地旅游品牌。

鱼文化主题村落（何田乡人民政府／提供）

③休闲农业发展服务体系建设。围绕休闲农业产业发展要求，依托职业院校、行业协会和产业基地，分类、分层开展休闲农业管理和服务人员培训，提高从业人员素质。加快完善行政管理体系、信息统计体系和社会服务体系建设，强化对各类休闲农业合作组织和行业协会的管理与支持力度，增强行业自律性。引导科研教学单位创新、集成和推广休闲农业技术成果，建立休闲农业产业技术体系，增强休闲农业支撑保障能力。顺应互联网、物联网和手机等新兴媒体发展趋势，拓展信息终端，加快信息服务体系建设。

附

录

浙江开化山泉流水养鱼系统

大 事 记

唐末宋初，安徽休宁一支汪氏迁至今开化齐溪，后散居仁宗坑、丰盈坦等地，盘溪而居，在何田"塘开一鉴"。

明崇祯四年（1631年）进贡芽茶4斤。

明末清初，据《开化县志》记载，本县有人在河边、田边、路边、山坑边、房屋内挖土砌石成池，引用溪水、山坑水或泉水养鱼。

民国18年（1929年）6月，18种开化产品在杭州"西湖博览会"上得奖，其中桃花鱼、玫瑰和合酥、烟3种获优等奖。

1952年，据《开化县志》记载，全县360户渔民，340户参加专业放运工会，20户组成渔民协会。

1956年，渔民协会转为初级渔业合作社。

1957年，初级渔业合作社升为高级渔业生产合作社。

1958—1985年，据《开化县志》记载，县人民政府及有关部门先后颁布《关于江河水产资源繁殖保护的意见》《关于加强溪港养鱼管理的通告》《关于严禁毒鱼、炸鱼，保护水产资源的通告》《关于保护城关电站渠道养鱼的通告》等8项通告。

1959年，"龙顶"名茶试制成功。

1959年，建成马金鱼种场，鱼池面积110亩。

1973年，四大家鱼人工繁殖成功，并开始技术推广。

1974年5月，开化茶厂建成投产。

1978年，据《开化县志》记载，开化县开始网箱养鱼，城关公社国庆大队采用夏花网布制成的网箱养殖鱼种。

1980年后，马金鱼种场每年生产鱼种300万～400万尾。

1981年，茶叶总产量2 706吨，成为全国茶叶基地县。

1983年，浙江省水产局在开化县长虹乡老屋基村召开了全省山区坑塘流水养殖现场会。

1985年，农牧渔业部、中国茶叶学会在南京举办名茶评选会，"开化龙顶"茶被列为全国11种名茶之一。

1985年，据《开化县志》记载，开化县年人均消费鱼500克。

1986年，据《开化县志（1986—2005）》记载，开化龙顶毛峰被评为1986年全省优质名茶，获省优质产品奖。

1992年，林业部首届名茶评比中，开化县林场选送的"开化龙顶"获优质茶称号。

1993年，全省首家茶叶行业管理的民间组织——浙江开化茶叶商会成立。

1994年，全省渔政工作座谈会在开化召开。

1997年，开化县龙顶名茶协会成立。

1998年，钱江源森林公园总体规划通过论证。

1998年，"开化龙顶"荣获"98上海国际茶文化节指定专用茶"冠名权。同年，"开化龙顶"茶叶商标被评为"浙江省著名商标"。

1999年，在杭州举行的中国国际博览交易会上，"开化龙顶"名茶荣获"国际名茶"金奖。

1999年，钱江源森林公园被定为国家森林公园，并举行开园仪式。同年，新华社发布消息：钱塘江源头在浙江省西部开化县齐溪镇境内。

2001年，何田清水鱼在中国浙江国际农业博览会上，荣获省优质农产品银奖。

2002年，衢州市级农业龙头企业——浙江京鹏生态资源发展有限公司投资500多万元，在何田乡禾丰村建成以清水鱼养殖为主的

"清水鱼生态示范园"。

2003年，开化龙顶、苏庄山茶油、玉米粉条、开化黑木耳、金针菇、黄秋葵6个农产品获浙江省农业博览会金奖，古田山矿泉水、七里龙牌清水鱼干、钱江源牌土鸡获银奖。

2004年，德国水产专家Berna Breton博士到开化考察和传授水产养殖技术，先后参观了齐溪水库、马金鱼种场、石蛙研究所。

2004年，七里龙钱江源清水鱼干和何田清水鱼通过农业部产品质量安全中心认证，成为开化县首批被认证的国家级无公害水产品。

2005年，开化龙顶茶作为"春茶·中国"纪念品被列为央视台礼，馈赠给在京开会的七国电视台台长和国外嘉宾。

2009年，开化县政府开始将清水鱼产业列入农业主导产业培育和扶持。

2011年，杭州都市快报"反哺母亲河"系列报道后，开化清水鱼开始销往杭州的餐馆，受到大众欢迎。

2012年，制定并发布县地方标准《开化清水鱼养殖技术规范》；开化县被中国渔业协会授予"中国清水鱼之乡"，2017年通过复评。

2013年起，开化清水鱼连续7年获得浙江省农业博览会金奖。

2014年，修订浙江省地方标准《山区坑塘流水养鱼技术》。

2015年，开化清水鱼何田综合体被农业部认定为"全国休闲渔业示范基地（第四批）"。

2016年，"开化清水鱼"获得地理标志证明商标；国家发展和改革委员会正式批复《钱江源国家公园体制试点区试点实施方案》，浙江钱江源成为继青海三江源、湖北神农架、福建武夷山之后，全国第四个获得正式批复的国家公园体制试点地区。

2017年10月，《钱江源国家公园体制试点区总体规划（2016—2025)》经省政府同意，获省发展和改革委员会正式批复。

2017年11月，开化县何田乡被农业部授予全国"最美渔村"。

2018年5月，开化县委县政府出台《开化县加快开化清水鱼产业发展的实施意见》。

2018年11月，联合国粮食及农业组织全球重要农业文化遗产（GIAHS）科学咨询小组轮值主席、中国重要农业文化遗产专家委员会副主任委员闵庆文，中国重要农业文化遗产专家委员会副主任委员曹幸穗，以及中国重要农业文化遗产专家委员会委员张林波实地考察了开化清水鱼核心养殖区，并召开了清水鱼养殖系统申报中国重要农业文化遗产专家咨询会。

2018年12月，开化清水鱼获"浙江省优秀农产品区域公用品牌最具历史价值十强"。

2019年4月，《浙江开化山泉流水养鱼系统农业文化遗产保护与发展规划》通过专家评审。

2019年8月，中国政法大学教授刘红缨、中国林业科学研究院亚热带林业研究所副研究员王斌赴开化实地考察浙江开化山泉流水养鱼系统，并核对中国重要农业文化遗产申报材料。

2019年11月，开化县人民政府与中国农业大学人文与发展学院举行共建"中国农业大学·钱江源乡村振兴研究院"战略合作协议签约仪式。

2020年1月，浙江开化山泉流水养鱼系统被农业农村部认定为第五批中国重要农业文化遗产。

2020年5月，"中国农业大学·钱江源乡村振兴研究院"揭牌成立。

2020年12月，"中国清水鱼博物馆"开始建设施工。

2021年10月，浙江省农业科学院农村发展研究所顾兴国博士与开化佳艺农场合作建设的开化县博士工作站被正式批准，依托该工作站将开展开化山泉流水养鱼系统保护研究及成果应用等工作。

2021年11月，开化县农业农村局钱涛撰写的《开化清水鱼：水清鱼鲜》一文在《农产品市场》中的农业文化遗产专栏发表。

（一）推荐旅游路线

1. 路线一

高源一号"百年古宅"—何田鱼文化博物馆—柴家村（淇源头清水鱼古法养殖坑塘群、福岭山红色旅游区）。

2. 路线二

钱江源国家森林公园（源头碑、源头第一泉、莲花塘、彩虹飞瀑）—龙门古村落—霞山古村落。

3. 路线三

"状元故里"北源村—"江南布达拉宫"台回山—钱王祖墓—高田坑古村落（清水鱼古法养殖坑塘群、古民居）。

4. 路线四

古田山国家级自然保护区（亚热带原始森林、古田飞瀑、凌云

寺）—西畈村（清水鱼古法养殖坑塘群、叶长庚将军墓园）。

（二）主要景点介绍

1. 钱江源国家森林公园

位于钱塘江源头地区，公园内重峦叠嶂、谷狭坡陡、岩崖嶙峋、飞泉瀑布、潺潺溪流、云雾变幻、古木参天、山高林茂、珍禽异兽，自然、人文资源丰富。它由莲花塘、卓马坑、莲花溪、水湖、枫楼等景区组成。最高峰莲花尖1 136.8米，域内千米以上山峰有25座，占全县境内千米以上山峰总数的54%，山体气势雄伟，群峰竞立，谷涧交错，茂林修竹，构成了公园风景的基本骨架。有数十条溪流山泉，从纵横交错的沟谷涌出，随地形变化，水流时急时缓，时溪

钱江源国家森林公园（开化县文化和广电旅游体育局／提供）

流时碧潭，时飞瀑直泻时湖水荡漾，如果说俊美的山体构成了整个森林公园的风景骨架，那么多姿多彩的水景则给公园增添了生机和活力。森林资源极为丰富，很多地区仍保留着大片的原始次生林，山高林密、古木参天，森林覆盖率高达97.55%。据初步调查，木本植物有98科287属720种，还有大量蕨类、藤本、禾本植物，是一个天然的生物基因库。同时，在植被分布区系上有明显的地域特色。

2. 古田山国家级自然保护区

地处浙、赣二省交界处，分布着典型的呈原始状态的中亚热带常绿阔叶林，是生物繁衍栖息的理想场所，生物多样性十分丰富，是保存生物物种的天然基因库。据调查统计，区内有珍稀濒危植物32种，特别是香果树、野含笑、紫茎这3种珍稀植物群落之大、分布之集中，在全国罕见；有国家重点保护动物34种，其中国家一级重点保护动物有黑麂、白颈长尾雉、豹、云豹4种，二级重点保护动

古田山国家自然保护区（开化县文化和广电旅游体育局／提供）

物有白鹇、黑熊、小灵猫等30种。古田山不仅景美，而且名胜古迹很多，流传着许多动人的传说。北宋乾德年间山民猎白兔，兔子化为玉石，有名僧建庙于其上取名为"凌云寺"，庙前有30余亩良田，因年代久远，遂命名为古田庙。明太祖朱元璋曾在古田山安营扎寨，指点江山，有"点将台"为证。方志敏率领的红军也在古田山一带活动，留给后人纪念的有"红军洞"。另外，"古田三怪"（蛇不蛰、螺无尾、水有痕）和"世外桃源"宋坑等处，更具有神奇色彩。

3. 柴家村

位于何田乡境内，包括淇源头、黄智、福岭山等自然村，主要旅游景点有淇源头清水鱼古法养殖坑塘群和福岭山红色旅游区。淇源头村是《北纬30°·中国行》探访"清水鱼"村的拍摄地，共有27户人家，这里每家的房前屋后、溪边地头甚至房屋内都有开化清水鱼古法养殖坑塘，而且多数标明了建塘年代，其中有一口明代建

淇源头清水鱼古法养殖坑塘群（顾兴国／摄）

成的鱼塘仍在养鱼。福岭山红色旅游区是二战时期浙皖特委机关所在地，现已经设立为浙江省爱国主义教育基地、浙江省国防教育基地、浙江省青少年红色旅游胜地、衢州市反腐倡廉教育基地。它由浙皖特委旧址、陈列室、浙皖特委纪念馆、胜利广场、红军雕塑、胜利长廊、福岭山漂流等一系列景点组成，实现了红色文化与生态文明的有机融合，能让游客在原生态的自然环境中接受红色革命传统熏陶。

4.高田坑古村落

位于长虹乡最北面，海拔600多米，具有1000多年的建村历史，是开化县海拔最高、保存最完整的原生态古村落，现享有中国传统村落、省级历史文化村落、省级摄影家协会创作基地等诸多称号。村内有古朴的黄泥瓦房、神奇的古廊桥、茂密的原始次森林、幽深的山涧飞瀑、千年祥和的红豆杉，夏季平均气温比其他地方低5℃左

高田坑古村落（开化县文化和广电旅游体育局／提供）

右，是天然的避暑胜地。周边自然环境优美，溪流穿村而过，水质好、可直接饮用，沿溪流建有数十口流水坑塘，是开化县最大的清水鱼古法养殖坑塘群之一。因其迷人的自然风光和传统民居，近年来已成为人们避暑纳凉、采风摄影、野外拓展和体验山村生活的理想胜地。

5. 台回山

台回山位于长虹乡桃源村，与婺源江湾交界，有上中下3个村民小组，共80余户人家。村庄一层一层从山脚到半山腰分布，整个山体从山脚到山腰都是高低不同的梯田。到了春季，整个梯田盛开的油菜花远远望去与西藏布达拉宫圣殿颇为相似，所以被称为"江南布达拉宫"。当漫山的油菜花开时，花在村中，村在画中。流传有钱工讨（台）回之山、敲石传音等故事，是浙西最美金花的主要观赏地之一，每年清明节前后来摄影观光的游客达上万人次。

台回山（开化县文化和广电旅游体育局／提供）

6. 龙门古村落

位于开化县齐溪镇最北部，全村区域面积14.14千米²，毗邻钱江源，风景优美，生态环境良好，森林、飞瀑、河流、溪涧、龙潭等自然资源极佳，具有很高的保健养生价值和观光游览价值。该村先人从明代中期迁居于此，距今已有近五百年历史，是多姓共居的古村落，有着深厚的历史文化，主要包括土楼文化、太极村图、徽派民居、民俗文化4个方面。清代开始，徽商繁盛，徽派文化迅速导入并涵盖龙门，现存古民居均为徽式建筑：砖墙黑瓦、马头翘角、高瓴重檐、鳌鱼腾尾，门楼门坊铺砖雕壁画，花格窗棂饰花鸟虫鱼。其中以汪、余二姓宗祠的"越国宗祠"和"鸣凤堂"最为典型，建筑气势恢宏，古朴典雅。此外，村内共有9条溪以及1条干流——龙门溪，有"一龙生九子"之说，"九溪龙门"之称也因此而来。

龙门古村落

7. 霞山古村落

位于钱塘江源头皖、浙、赣交界处的浙西开化县城北唐宋古驿道旁，共有明、清、民国初年徽派古民居建筑361幢，总建筑面积达29 000多米²。古村落居民以郑、汪两大姓氏为主，据《郑氏宗谱》记载，北宋皇祐四年（1052年），三国东吴大将开国公郑平后裔淮阳令郑慧公继祖志乔迁丹山，至元丰癸亥年（1083年），律公因洪水毁村而迁居丹山对岸，因见霞蒸丹山、紫气氤氲，故名霞山，迄今有900多年的历史。霞山村自古就是浙西通往安徽、淳安的咽喉，境内从石撞岭至祝家渡有5千米唐宋古驿道。南宋建都临安后，安徽、江西及本地的木材和其他土特产经霞山古埠，沿钱塘江水道通往杭州，故日渐繁华，形成了一个以古商埠、古驿道为依托，向四周扇形发射的大村落。如今，老街上的南北杂货、肉屠酒肆，古埠上的铁链铁钩、石锁石眼比比皆是，霞山昔日之繁华可见一斑。

霞山古民居

全球/中国重要农业文化遗产名录

1. 全球重要农业文化遗产

2002年，联合国粮食及农业组织（FAO）发起了全球重要农业文化遗产（Globally Important Agricultural Heritage Systems, GIAHS）保护倡议，旨在建立全球重要农业文化遗产及其有关的景观、生物多样性、知识和文化保护体系，并在世界范围内得到认可与保护，使之成为可持续管理的基础。

按照FAO的定义，GIAHS是"农村与其所处环境长期协同进化和动态适应下所形成的独特的土地利用系统和农业景观，这些系统与景观具有丰富的生物多样性，而且可以支撑当地社会经济与文化发展的需要，有利于促进区域可持续发展"。

截至2021年12月，FAO共认定62项全球重要农业文化遗产，分布在22个国家，其中中国有15项。

全球重要农业文化遗产（62项）

序号	区域	国家	系统名称	FAO批准年份
1	亚洲 （9国、41项）	中国 （15项）	中国浙江青田稻鱼共生系统 Qingtian Rice-fish Culture System, China	2005
2			中国云南红河哈尼稻作梯田系统 Honghe Hani Rice Terraces System, China	2010

（续）

序号	区域	国家	系统名称	FAO批准年份
3			中国江西万年稻作文化系统 Wannian Traditional Rice Culture System, China	2010
4			中国贵州从江侗乡稻鱼鸭系统 Congjiang Dong's Rice-fish-duck System, China	2011
5			中国云南普洱古茶园与茶文化系统 Pu'er Traditional Tea Agrosystem, China	2012
6			中国内蒙古敖汉旱作农业系统 Aohan Dryland Farming System, China	2012
7			中国河北宣化城市传统葡萄园 Urban Agricultural Heritage of Xuanhua Grape Gardens, China	2013
8			中国浙江绍兴会稽山古香榧群 Shaoxing Kuaijishan Ancient Chinese Torreya, China	2013
9	亚洲 （9国、41项）	中国 （15项）	中国陕西佳县古枣园 Jiaxian Traditional Chinese Date Gardens, China	2014
10			中国福建福州茉莉花与茶文化系统 Fuzhou Jasmine and Tea Culture System, China	2014
11			中国江苏兴化垛田传统农业系统 Xinghua Duotian Agrosystem, China	2014
12			中国甘肃迭部扎尕那农林牧复合系统 Diebu Zhagana Agriculture-forestry-animal Husbandry Composite System, China	2018
13			中国浙江湖州桑基鱼塘系统 Huzhou Mulberry-dyke and Fish-pond System, China	2018
14			中国南方山地稻作梯田系统 Rice Terraces System in Southern Mountainous and Hilly Areas, China	2018

（续）

序号	区域	国家	系统名称	FAO批准年份
15		中国 （15项）	中国山东夏津黄河故道古桑树群 Traditional Mulberry System in Xiajin's Ancient Yellow River Course, China	2018
16		菲律宾 （1项）	菲律宾伊富高稻作梯田系统 Ifugao Rice Terraces, Philippines	2005
17			印度藏红花农业系统 Saffron Heritage of Kashmir, India	2011
18		印度 （3项）	印度科拉普特传统农业系统 Koraput Traditional Agriculture Systems, India	2012
19			印度喀拉拉邦库塔纳德海平面下农耕文化系统 Kuttanad Below Sea Level Farming System, India	2013
20			日本金泽能登半岛山地与沿海乡村景观 Noto's Satoyama and Satoumi, Japan	2011
21	亚洲 （9国、41项）		日本新潟佐渡岛稻田-朱鹮共生系统 Sado's Satoyama in Harmony with Japanese Crested Ibis, Japan	2011
22			日本静冈传统茶-草复合系统 Traditional Tea-grass Integrated System in Shizuoka, Japan	2013
23		日本 （11项）	日本大分国东半岛林-农-渔复合系统 Kunisaki Peninsula Usa Integrated Forestry, Agriculture and Fisheries System, Japan	2013
24			日本熊本阿苏可持续草原农业系统 Managing Aso Grasslands for Sustainable Agriculture, Japan	2013
25			日本岐阜长良川香鱼养殖系统 The Ayu of Nagara River System, Japan	2015
26			日本宫崎高千穗-椎叶山山地农林复合系统 Takachihogo-shiibayama Mountainous Agriculture and Forestry System, Japan	2015

（续）

序号	区域	国家	系统名称	FAO批准年份
27			日本和歌山南部-田边梅子生产系统 Minabe-Tanabe Ume System, Japan	2015
28		日本 （11项）	日本宫城尾崎基于传统水资源管理的可持续农业系统 Osaki Kôdo's Sustainable Agriculture System Based on Traditional Water Management, Japan	2018
29			日本德岛Nishi-Awa地域山地陡坡农作系统 Nishi-Awa Steep Slope Land Agriculture System, Japan	2018
30			日本静冈传统山葵种植系统 Traditional Wasabi Cultivation in Shizuoka, Japan	2018
31	亚洲 （9国、41项）		韩国济州岛石墙农业系统 Jeju Batdam Agricultural System, Korea	2014
32			韩国青山岛板石梯田农作系统 Traditional Gudeuljang Irrigated Rice Terraces in Cheongsando, Korea	2014
33		韩国 （5项）	韩国花开传统河东茶农业系统 Traditional Hadong Tea Agrosystem in Hwagae-myeon, Korea	2017
34			韩国锦山传统人参种植系统 Geumsan Traditional Ginseng Agricultural System, Korea	2018
35			韩国潭阳竹田农业系统 Damyang Bamboo Field Agriculture System, Korea	2020
36		斯里兰卡 （1项）	斯里兰卡干旱地区梯级池塘-村庄系统 The Cascaded Tank-village Systems in the Dry Zone of Sri Lanka	2017
37		孟加拉国 （1项）	孟加拉国浮田农作系统 Floating Garden Agricultural System, Bangladesh	2015

（续）

序号	区域	国家	系统名称	FAO批准年份
38		阿联酋 （1项）	阿联酋艾尔－里瓦绿洲传统椰枣种植系统 Al Ain and Liwa Historical Date Palm Oases, the United Arab Emirates	2015
39			伊朗喀山坎儿井灌溉系统 Qanat Irrigated Agricultural Heritage Systems of Kashan, Iran	2014
40	亚洲 （9国、41项）	伊朗 （3项）	伊朗乔赞葡萄生产系统 Grape Production System and Grape-based Products, Iran	2018
41			伊朗戈纳巴德基于坎儿井灌溉藏红花种植系统 Qanat-based Saffron Farming System in Gonabad, Iran	2018
42		阿尔及利亚 （1项）	阿尔及利亚埃尔韦德绿洲农业系统 Ghout System, Algeria	2005
43			突尼斯加法萨绿洲农业系统 Gafsa Oases, Tunisia	2005
44		突尼斯 （3项）	突尼斯加尔梅尔潟湖沙地农业系统 Ramli agricultural system in the lagoons of Ghar EI Melh, Tunisia	2020
45			突尼斯德杰巴奥利亚山地农林复合系统 Hanging gardens from Djebba EI Olia, Tunisia	2020
46	非洲 （6国、10项）	肯尼亚 （1项）	肯尼亚马赛草原游牧系统 Oldonyonokie/Olkeri Maasai Pastoralist Heritage Site, Kenya	2008
47		坦桑尼亚 （2项）	坦桑尼亚马赛草原游牧系统 Engaresero Maasai Pastoralist Heritage Area, Tanzania	2008
48			坦桑尼亚基哈巴农林复合系统 Shimbwe Juu Kihamba Agro-forestry Heritage Site, Tanzania	2008
49		摩洛哥 （2项）	摩洛哥阿特拉斯山脉绿洲农业系统 Oases System in Atlas Mountains, Morocco	2011

（续）

序号	区域	国家	系统名称	FAO批准年份
50	非洲 （6国、10项）	摩洛哥 （2项）	摩洛哥索阿卜－曼苏尔农林牧复合系统 Argan-based Agro-sylvo-pastoral System within the Area of Ait Souab-Ait and Mansour, Morocco	2018
51		埃及 （1项）	埃及锡瓦绿洲椰枣生产系统 Dates Production System in Siwa Oasis, Egypt	2016
52	欧洲 （3国、7项）	西班牙 （4项）	西班牙拉阿哈基亚葡萄干生产系统 Malaga Raisin Production System in La Axarquía, Spain	2017
53			西班牙阿尼亚纳海盐生产系统 The Agricultural System of Valle Salado de Añana, Spain	2017
54			西班牙塞尼亚古橄榄树农业系统 The Agricultural System Ancient Olive Trees Territorio Sénia, Spain	2018
55			西班牙瓦伦西亚传统灌溉农业系统 Historical Irrigation System at Horta of Valencia, Spain	2019
56		意大利 （2项）	意大利阿西西－斯波莱托陡坡橄榄种植 系统 Olive Groves of the Slopes between Assisi and Spoleto, Italy	2018
57			意大利索阿维传统葡萄园 Soave Traditional Vineyards, Italy	2018
58		葡萄牙 （1项）	葡萄牙巴罗佐农林牧复合系统 Barroso Agro-sylvo-pastoral System, Portugal	2018
59	美洲 （4国、4项）	智利 （1项）	智利智鲁岛屿农业系统 Chiloé Agriculture, Chile	2005
60		秘鲁 （1项）	秘鲁安第斯高原农业系统 Andean Agriculture, Peru	2005
61		墨西哥 （1项）	墨西哥传统架田农作系统 Chinampa Agricultural System of Mexico City, Mexico	2017
62		巴西 （1项）	巴西米纳斯吉拉斯埃斯皮尼亚山南部传 统农业系统 Traditional Agricultural System in the Southern Espinhaço Range, Minas Gerais, Brazil	2020

2. 中国重要农业文化遗产

我国有着悠久灿烂的农耕文化历史，劳动人民在长期的生产活动中创造了种类繁多、特色明显、经济与生态价值高度统一的重要农业文化遗产，至今依然具有重要的历史文化价值和现实意义。农业农村部于2012年开展中国重要农业文化遗产发掘与保护工作，旨在加强我国重要农业文化遗产价值的认识，促进遗产地生态保护、文化传承和经济发展。

中国重要农业文化遗产是指"人类与其所处环境长期协同发展中，创造并传承至今的独特的农业生产系统，这些系统具有丰富的农业生物多样性、传统知识与技术体系和独特的生态与文化景观等，对我国农业文化传承、农业可持续发展和农业功能拓展具有重要的科学价值和实践意义"。

截至2021年12月，全国共有6批138项传统农业系统被认定为中国重要农业文化遗产。

中国重要农业文化遗产（138项）

序号	省份	系统名称	批准年份
1	北京（2项）	北京平谷四座楼麻核桃生产系统	2015
2		北京京西稻作文化系统	2015
3	天津（2项）	天津滨海崔庄古冬枣园	2014
4		天津津南小站稻种植系统	2020
5	河北（5项）	河北宣化城市传统葡萄园	2013
6		河北宽城传统板栗栽培系统	2014
7		河北涉县旱作梯田系统	2014
8		河北迁西板栗复合栽培系统	2017
9		河北兴隆传统山楂栽培系统	2017
10	山西（2项）	山西稷山板枣生产系统	2017
11		山西阳城蚕桑文化系统	2021

（续）

序号	省份	系统名称	批准年份
12		内蒙古敖汉旱作农业系统	2013
13		内蒙古阿鲁科尔沁草原游牧系统	2014
14	内蒙古（6项）	内蒙古伊金霍洛农牧生产系统	2017
15		内蒙古乌拉特后旗戈壁红驼牧养系统	2020
16		内蒙古武川燕麦传统旱作系统	2021
17		内蒙古东乌珠穆沁旗游牧生产系统	2021
18		辽宁鞍山南果梨栽培系统	2013
19	辽宁（4项）	辽宁宽甸柱参传统栽培体系	2013
20		辽宁桓仁京租稻栽培系统	2015
21		辽宁阜蒙旱作农业系统	2020
22		吉林延边苹果梨栽培系统	2015
23	吉林（4项）	吉林柳河山葡萄栽培系统	2017
24		吉林九台五官屯贡米栽培系统	2017
25		吉林和龙林下参-芝抚育系统	2021
26	黑龙江（2项）	黑龙江抚远赫哲族鱼文化系统	2015
27		黑龙江宁安响水稻作文化系统	2015
28		江苏兴化垛田传统农业系统	2013
29		江苏泰兴银杏栽培系统	2015
30		江苏高邮湖泊湿地农业系统	2017
31		江苏无锡阳山水蜜桃栽培系统	2017
32	江苏（8项）	江苏吴中碧螺春茶果复合系统	2020
33		江苏宿豫丁嘴金针菜生产系统	2020
34		江苏启东沙地圩田农业系统	2021
35		江苏吴江蚕桑文化系统	2021
36		浙江青田稻鱼共生系统	2013
37		浙江绍兴会稽山古香榧群	2013
38	浙江（14项）	浙江杭州西湖龙井茶文化系统	2014
39		浙江湖州桑基鱼塘系统	2014
40		浙江庆元香菇文化系统	2014
41		浙江仙居杨梅栽培系统	2015

（续）

序号	省份	系统名称	批准年份
42		浙江云和梯田农业系统	2015
43		浙江德清淡水珍珠传统养殖与利用系统	2017
44		浙江宁波黄古林蔺草-水稻轮作系统	2020
45	浙江（14项）	浙江安吉竹文化系统	2020
46		浙江黄岩蜜橘筑墩栽培系统	2020
47		浙江开化山泉流水养鱼系统	2020
48		浙江缙云茭白-麻鸭共生系统	2021
49		浙江桐乡蚕桑文化系统	2021
50		安徽寿县芍陂（安丰塘）及灌区农业系统	2015
51		安徽休宁山泉流水养鱼系统	2015
52	安徽（5项）	安徽铜陵白姜种植系统	2017
53		安徽黄山太平猴魁茶文化系统	2017
54		安徽太湖山地复合农业系统	2021
55		福建福州茉莉花与茶文化系统	2013
56		福建尤溪联合梯田	2013
57	福建（5项）	福建安溪铁观音茶文化系统	2014
58		福建福鼎白茶文化系统	2017
59		福建松溪竹蔗栽培系统	2021
60		江西万年稻作文化系统	2013
61		江西崇义客家梯田系统	2014
62		江西南丰蜜橘栽培系统	2017
63	江西（7项）	江西广昌传统莲作文化系统	2017
64		江西泰和乌鸡林下养殖系统	2020
65		江西横峰葛栽培系统	2020
66		江西浮梁茶文化系统	2021
67		山东夏津黄河故道古桑树群	2014
68		山东枣庄古枣林	2015
69	山东（7项）	山东乐陵枣林复合系统	2015
70		山东章丘大葱栽培系统	2017
71		山东岱岳汶阳田农作系统	2020

（续）

序号	省份	系统名称	批准年份
72	山东（7项）	山东莱阳古梨树群系统	2021
73		山东峄城石榴种植系统	2021
74	河南（3项）	河南灵宝川塬古枣林	2015
75		河南新安传统樱桃种植系统	2017
76		河南嵩县银杏文化系统	2020
77	湖北（2项）	湖北羊楼洞砖茶文化系统	2014
78		湖北恩施玉露茶文化系统	2015
79	湖南（8项）	湖南新化紫鹊界梯田	2013
80		湖南新晃侗藏红米种植系统	2014
81		湖南新田三味辣椒种植系统	2017
82		湖南花垣子腊贡米复合种养系统	2017
83		湖南安化黑茶文化系统	2020
84		湖南保靖黄金寨古茶园与茶文化系统	2020
85		湖南永顺油茶林农复合系统	2020
86		湖南龙山油桐种植系统	2021
87	广东（4项）	广东潮安凤凰单丛茶文化系统	2014
88		广东佛山基塘农业系统	2020
89		广东岭南荔枝种植系统（增城、东莞、茂名）	2019、2021
90		广东海珠高畦深沟传统农业系统	2021
91	广西（5项）	广西龙胜龙脊梯田	2014
92		广西隆安壮族"那文化"稻作文化系统	2015
93		广西恭城月柿栽培系统	2017
94		广西横县茉莉花复合栽培系统	2020
95		广西桂西北山地稻鱼复合系统	2021
96	海南（2项）	海南海口羊山荔枝种植系统	2017
97		海南琼中山兰稻作文化系统	2017
98	重庆（3项）	重庆石柱黄连生产系统	2017
99		重庆大足黑山羊传统养殖系统	2020
100		重庆万州红桔栽培系统	2020

（续）

序号	省份	系统名称	批准年份
101	四川（8项）	四川江油辛夷花传统栽培体系	2014
102		四川苍溪雪梨栽培系统	2015
103		四川美姑苦荞栽培系统	2015
104		四川盐亭嫘祖蚕桑生产系统	2017
105		四川名山蒙顶山茶文化系统	2017
106		四川郫都林盘农耕文化系统	2020
107		四川宜宾竹文化系统	2020
108		四川石渠扎溪卡游牧系统	2020
109	贵州（4项）	贵州从江侗乡稻鱼鸭系统	2013
110		贵州花溪古茶树与茶文化系统	2015
111		贵州锦屏杉木传统种植与管理系统	2020
112		贵州安顺屯堡农业系统	2020
113	云南（8项）	云南红河哈尼稻作梯田系统	2013
114		云南普洱古茶园与茶文化系统	2013
115		云南漾濞核桃–作物复合系统	2013
116		云南广南八宝稻作生态系统	2014
117		云南剑川稻麦复种系统	2014
118		云南双江勐库古茶园与茶文化系统	2015
119		云南腾冲槟榔江水牛养殖系统	2017
120		云南文山三七种植系统	2021
121	西藏（2项）	西藏当雄高寒游牧系统	2021
122		西藏乃东青稞种植系统	2021
123	陕西（5项）	陕西佳县古枣园	2013
124		陕西凤县大红袍花椒栽培系统	2017
125		陕西蓝田大杏种植系统	2017
126		陕西临潼石榴种植系统	2020
127		陕西汉阴凤堰稻作梯田系统	2021
128	甘肃（4项）	甘肃迭部扎尕那农林牧复合系统	2013
129		甘肃皋兰什川古梨园	2013
130		甘肃岷县当归种植系统	2014

（续）

序号	省份	系统名称	批准年份
131	甘肃（4项）	甘肃永登苦水玫瑰农作系统	2015
132		宁夏灵武长枣种植系统	2014
133	宁夏（3项）	宁夏中宁枸杞种植系统	2015
134		宁夏盐池滩羊养殖系统	2017
135		新疆吐鲁番坎儿井农业系统	2013
136	新疆（4项）	新疆哈密哈密瓜栽培与贡瓜文化系统	2014
137		新疆奇台旱作农业系统	2015
138		新疆伊犁察布查尔布哈农业系统	2017